ÉTUDES

AGRONOMIQUES

1885 — 1886

PAR

L. GRANDEAU

Directeur de la station agronomique de l'Est,
Membre du Conseil supérieur de l'agriculture, etc.

NUTRITION DES VÉGÉTAUX
ALIMENTS AZOTÉS, PHOSPHATÉS ET POTASSIQUES DES PLANTES
ENGRAIS COMMERCIAUX — FUMIER DE FERME
EXPÉRIENCES SUR LES PHOSPHATES
CULTURE RÉMUNÉRATRICE DU BLÉ
CHAMPS D'EXPÉRIENCES ET DE DÉMONSTRATION
SYNDICATS AGRICOLES — STATIONS AGRONOMIQUES
CONTRÔLE DES SEMENCES ET DES ENGRAIS

DEUXIÈME ÉDITION

PARIS
LIBRAIRIE HACHETTE ET Cie
79, BOULEVARD SAINT-GERMAIN, 79

1887

ÉTUDES AGRONOMIQUES

1885 — 1886

Coulommiers. — Imp. P. Brodard et Gallois.

AVANT-PROPOS

L'agriculture européenne, pour soutenir la concurrence étrangère et devenir largement rémunératrice, doit suivre l'exemple de l'industrie et chercher, par tous les moyens, dans l'augmentation de ses rendements l'abaissement du prix de revient de ses produits.

Deux facteurs principaux — la fumure du sol et le choix des semences — appellent tout particulièrement l'attention des cultivateurs soucieux d'atteindre ce but.

Exposer d'une façon précise et simple l'état de nos connaissances sur l'alimentation des plantes et sur leurs exigences en principes nutritifs ; — indiquer les formes principales sous lesquelles on peut mettre économiquement à la disposition des végétaux l'azote, l'acide phosphorique et la potasse indispensables à l'obtention de hauts rendements; — faire connaître au cultivateur les moyens faciles et sûrs de se soustraire à la fraude éhontée dont le commerce des engrais et des graines est trop souvent l'objet; — tracer les règles de l'établissement de champs d'expériences et de démonstration; — mettre en évidence les bienfaits de l'association par les syndicats : tel est l'objet multiple des pages suivantes où j'ai reproduit, en les revisant soigneusement et en y faisant de notables additions, les *Revues agronomiques* parues en 1885-1886 dans le *Temps*.

Un grand nombre de lecteurs de ce journal m'ont exprimé le désir de voir réunis en un volume les articles où j'ai abordé l'étude de ces intéressantes questions. Je serais heureux si cet opuscule pouvait faire partager à mes lecteurs la conviction, chaque jour plus profonde, où je suis touchant la supériorité des progrès culturaux sur les mesures fiscales pour le relèvement de l'agriculture, la première de nos industries.

Une meilleure utilisation des fumures naturelles dont la France, au grand détriment de l'agriculture et de la salubrité publique, perd encore la majeure partie; l'emploi des fumures dites commerciales (phosphates, nitrates, sels de potasse, etc.), jointes à un bon choix de semences, tel est à mon avis et d'après les résultats culturaux rapportés dans ces *Etudes* la voie de salut de l'agriculture. Le moindre progrès de ce côté sera plus rémunérateur pour le cultivateur que tous les droits de douane qui n'équivaudraient pas à la prohibition des produits étrangers qu'aucun esprit sérieux n'oserait proposer d'établir. Instruction, initiative privée, association : tels sont à mon avis les trois leviers du relèvement de l'agriculture française. Hors de là, il n'y a pas de progrès réel et durable à attendre.

L. GRANDEAU.

5 août 1886.

PRÉFACE

DE LA DEUXIÈME ÉDITION

L'accueil sympathique que ce petit volume a rencontré auprès du public, témoigne de l'intérêt général des questions qui y sont traitées. Montrer que le salut de l'agriculture est dans l'accroissement des rendements et dans la diminution du prix de revient, qui en est la conséquence; indiquer les moyens pratiques d'obtenir cet accroissement, tel est, en deux mots, le but que je me suis proposé.

Moins de trois mois s'étant écoulés depuis la publication de ces *Études*, je n'aurais rien à ajouter à cette nouvelle édition, si deux faits importants survenus dans ce court espace de temps ne devaient pas être signalés.

D'une part, la campagne que je poursuis depuis plusieurs années en faveur des engrais phosphatés à bon marché, phosphates minéraux naturels et scories de déphosphoration de la fonte, a provoqué de très nombreux essais de culture, dont les résultats m'arrivent de tous côtés.

Ces essais ont pleinement justifié mes prévisions, et l'emploi des scories notamment est désormais entré dans la pratique agricole. D'importantes usines ont été créées pour le traitement de ces précieux auxiliaires de nos fumures et les rendements obtenus avec une faible dépense sont très rémunérateurs.

Je ne saurais donc trop engager, dès à présent, les cultivateurs à essayer sur leurs prairies et pour les semailles de printemps les phosphates naturels et les scories Thomas Gilchrist qui offrent couramment l'acide phosphorique à un prix très peu élevé.

Le second fait auquel je fais allusion est le développement que vont prendre les champs de démonstration, à la suite du vote que le Parlement ne saurait manquer d'émettre sur la proposition de la commission du budget.

Les chapitres XVII et XVIII de ces *Études* sont consacrés à l'organisation des champs de démonstration. J'y expose le but à atteindre par leur création, et les résultats importants qui en découleront pour le progrès agricole de notre pays, s'ils sont bien dirigés. La confiance que je témoigne dans l'influence des stations agronomiques d'une part, et des champs de démonstration de l'autre, sur les progrès à bref délai de la situation agricole de notre pays, explique le vif plaisir que j'ai éprouvé à voir la commission du budget inscrire au chapitre X du budget de l'agriculture, pour 1887, un crédit de 250 000 francs destiné à faire face à la part que l'État prendra, l'année prochaine, à l'organisation des champs de démonstration. L'article 4 du même chapitre porte, en outre, à la somme de 145 000 francs la subvention pour la création ou l'entretien de stations agronomiques. Ces deux crédits présentent un lien étroit, et leur emploi bien compris concourra incontestablement à l'un des progrès les plus urgents de notre agriculture, l'accroissement des rendements.

En ceci, comme presque en toutes choses, il y a un *mais*, et c'est ce mais que je voudrais exposer sans réticences, afin de bien montrer à quelles conditions les vues libérales de la commission du budget et du ministre peuvent recevoir leur plein effet et produire tout le bien qu'on est en droit d'en attendre. En lisant les chapitres consacrés aux champs de démonstration [1], on verra quelle insistance nous mettons à préciser la différence existant entre les champs d'expériences et les champs de démonstration, et la nécessité absolue du succès pour ces derniers, si l'on ne veut pas

1. Voir pages 226 à 259.

que l'institution aille à l'encontre du but qu'on s'est proposé. Le champ de démonstration étant avant tout et uniquement, pour ainsi dire, un mode d'enseignement par les yeux, destiné, comme l'indique son nom, à *démontrer* la meilleure variété de semence, le meilleur mode de culture et de fumure, *pour un sol donné*, doit, sauf les accidents climatériques qu'il n'est au pouvoir de personne de conjurer, mettre sous les yeux des cultivateurs un spécimen absolument réussi de la récolte qui le couvre. S'il n'en est pas ainsi, si le résultat obtenu peut être discuté, soit comme rendement, soit comme dépense, non seulement on manquera le but proposé, mais on aura fait plus de mal que de bien. En effet, qu'a-t-on en vue? Démontrer d'une façon tangible que telles variétés de blé, par exemple, employées à raison de 100 kilogrammes de semence à l'hectare au lieu de 150 à 160 que les semailles à la volée exigent dans le pays, ont produit, grâce à un bon choix d'engrais, un rendement supérieur à celui du voisinage et largement rémunérateur. Si l'on échoue dans cette démonstration, ne courra-t-on pas sérieusement le risque de prêter à la critique, si voisine des lèvres du paysan, lorsqu'on lui parle de science agricole? Alors, non seulement on aura fait une dépense stérile, puisque le rendement espéré n'aura pas été atteint, mais, et c'est surtout là ce que je redoute, on aura reculé, avec quelque apparence de vérité et pour longtemps, toute tentative d'amélioration culturale dans le canton ou la commune témoins de l'échec des organisateurs du champ de démonstration. Il n'en faut pas douter un instant, l'écueil de l'organisation que nous préconisons de toutes nos forces et qui doit prouver le succès des applications de la science à l'agriculture est là, menaçant de renforcer l'esprit de routine et d'enrayer toute tentative de la part des intéressés si le succès complet ne couronne pas l'œuvre.

Cela posé, voyons quelle devrait être l'application du crédit que la commission propose d'inscrire au budget et comment on peut éviter les mécomptes dont je parle, ce qu'il faut faire sous peine de gaspiller en pure perte des sommes considérables. Examinons d'abord les ressources dont on disposera pour le service des champs de démonstration. Aux termes de la circulaire ministérielle adressée cette année aux préfets, relativement aux subventions de l'État applicables à cette institution, le maximum de la subvention du ministère sera égal à la somme votée, pour le même objet, par le département. Admettons que cette règle s'appliquera partout en 1887 et que tous les conseils généraux tiendront à honneur de faire bénéficier de cette faveur l'agriculture de leur département.

Aux 250 000 francs inscrits au budget viendra se joindre une somme égale prélevée sur les ressources départementales, soit au total un demi-million à affecter à la création et à la direction du champ de démonstration, soit environ 6000 francs par département. Ce crédit modeste, mais qui, utilement employé, peut faire déjà tant de bien, devra s'augmenter d'allocations fournies par les propriétaires aisés du pays, qui ont un intérêt si manifeste au succès de ces démonstrations. Espérons qu'il en sera ainsi et abordons la marche à suivre pour assurer la réussite.

Les conditions indispensables que doit remplir tout champ de démonstration sont les suivantes :

1° Détermination exacte de la surface du champ : (vingt à cinquante ares suffiront partout); 2° connaissance préalable de la constitution physique et de la composition chimique du sol; 3° mise en état par les opérations culturales faites avec soin (nettoyage, labour, etc.) du sol du champ; 4° choix, achat et épandage des engrais appropriés à la nature chimique du sol; 5° semaille en ligne (s'il s'agit de céréales notamment); 6° récolte, rentrée, battage et pesée exacte de la récolte.

Or, il est incontestable, pour quiconque sait combien il est difficile d'obtenir des renseignements exacts de nos cultivateurs, que l'on ne peut compter, pour remplir ces diverses conditions, sur la seule direction du propriétaire ou du locataire de la terre sur laquelle sera établi le champ de démonstration.

Pour assurer le succès, le concours de trois personnes est nécessaire : un homme compétent devra analyser le sol, les engrais, et vérifier la valeur des graines à semer; un cultivateur expérimenté assurera la préparation mécanique du sol, la semaille et les cultures ultérieures nécessaires à la préparation de la récolte; enfin un agent, responsable de la direction générale des essais, mesurera la superficie du sol, assistera à l'épandage des engrais, à la semaille et à la récolte dont il fera déterminer, sous ses yeux, les poids par nature de produits. Il devra ensuite fournir au conseil général un rapport détaillé sur les diverses opérations qu'il est chargé de surveiller.

C'est ainsi que nos voisins l'ont compris, et cette année déjà, en Alsace-Lorraine, cette organisation a fonctionné. Un agriculteur connu dans la région a été chargé, moyennant une indemnité suffisante pour le dédommager de ses peines, de son temps et de ses déplacements, de la direction et de la surveillance de tous les champs de démonstration d'un district déterminé.

La responsabilité est réelle, dans cette organisation, parce qu'elle n'est pas partagée : le cultivateur suit exactement les prescriptions qu'on lui impose et l'on arrive ainsi à des résultats qu'on n'atteindra jamais en laissant chacun des champs de démonstration sans autre direction que celle du cultivateur sur la ferme duquel il est situé.

Je lis dans le rapport de l'honorable M. Viette qu'il y a tel département où, cette année, « les particuliers ont créé plus de *cinq cents* champs d'expériences ou de démonstration ». D'une part, on ne peut que se réjouir à la constatation des progrès que l'idée expérimentale a faits dans ce département; mais il y a lieu, de l'autre, de s'effrayer des divergences auxquelles ne sauraient manquer de conduire des essais que je n'ose espérer entourés de toutes les conditions énumérées plus haut et indispensables, à mes yeux, pour porter la conviction dans l'esprit des cultivateurs. L'œuvre de ces particuliers est méritoire; elle dénote une confiance dans l'expérimentation qui ne manquera pas de porter ses fruits. Mais, du moment qu'il s'agit de faire participer directement le contribuable, sous la double forme de subventions de l'État et d'allocations départementales, à l'organisation des champs de démonstration, on a le devoir d'entourer ces essais de toutes les précautions nécessaires pour assurer le bon emploi des capitaux qu'on y consacre. Pour cela, voici les mesures qui nous semblent devoir être prises dans la répartition et dans l'emploi du crédit de

250 000 francs que le Parlement, nous l'espérons, s'empressera de voter.

La première condition que le ministère de l'agriculture devrait mettre à l'allocation d'une subvention à un département en vue de la création de champs de démonstration serait, selon nous, la constitution, au chef-lieu du département, d'un comité peu nombreux, mais recruté parmi les hommes d'une compétence reconnue. Ce comité aurait pour mission de statuer sur les offres des cultivateurs relatives aux terrains consacrés à la démonstration, de s'assurer que le cultivateur auquel on fera les avances de semence et d'engrais remplit les conditions indiquées plus haut, c'est-à-dire possède des champs en bon état de propreté, exempts de mauvaises herbes, qu'il sait bien cultiver, etc. Il conviendrait ensuite de faire analyser les sols des champs acceptés par ce comité qui choisirait, d'après les indications fournies par l'analyse des sols, les engrais et les semences à employer ; il en ferait l'acquisition et les remettrait au directeur des champs du département ou de la région, sur le choix duquel nous reviendrons dans un instant.

Les analyses de sols, d'engrais, et l'examen des semences sous le rapport de la pureté et de la faculté germinative seraient faits par les soins de la station agronomique la plus voisine ou dans tout autre établissement scientifique compétent, désigné ou accepté par le ministre de l'agriculture, en vue de ces études. Enfin, le comité pourvoirait à l'achat des instruments, tels que semoirs en ligne, moissonneuses, faucheuses, suivant les besoins, s'ils n'existaient pas chez les propriétaires des champs de démonstration. Ces achats, dans la plupart des départements où domine la culture des céréales, se borneraient aux semoirs en ligne de petites dimensions et d'un prix peu élevé, les surfaces à semer devant toujours être très petites.

Ces opérations préliminaires, analyse des sols et des engrais, choix des semences et des terrains, achat d'instruments, d'engrais et de semences, étant effectuées, l'exécution des délimitations de terrains, de la préparation du sol, de la semaille, des engrais et des graines, et de la récolte serait confiée, suivant le nombre des champs à établir, à une ou plusieurs personnes choisies, d'après un mode facile à imaginer, par le comité local, mieux placé que qui que ce soit pour faire cette désignation. Le directeur ou surveillant de ces champs n'a pas besoin de connaissances étendues en agronomie. Il suffit qu'il soit au courant des opérations culturales qu'il aura à surveiller; il faut avant tout qu'il apporte à sa mission une exactitude scrupuleuse et que les chiffres qu'il devra remettre au comité en fin de campagne soient d'une exactitude garantie par son honorabilité et son zèle. Il ne serait pas difficile, je crois, de rencontrer, sans être entraîné à des dépenses trop considérables, dans chacun de nos départements, des hommes de loisir, au courant des choses de l'agriculture et qui, moyennant une rémunération convenable, prêteraient un concours dévoué et sûr à l'œuvre qu'il s'agit de fonder.

Il me paraît très dangereux d'accepter, à supposer qu'elles se présentent, les offres d'une direction gratuite des champs de démonstration. Un membre du comité, dont j'indique plus haut l'organisation, ne saurait, quel que fût son zèle, être accepté sans rémunération pour cette tâche. Toute peine, dit-on, mérite salaire, et j'ajouterai qu'on ne peut compter d'une façon sérieuse, pour un travail qui doit être fait scrupuleusement et en temps utile, que sur le concours d'une personne rémunérée en vue de ce travail.

Je ne saurais trop y insister : il ne peut être question de demi-succès en cette affaire, et s'il est indispensable de montrer aux cultivateurs des champs dont les rendements paraissent considérables rien qu'à la vue, il l'est plus encore de pouvoir mettre sous leurs yeux, à la fin de la campagne, les résultats numériques, plus éloquents que l'aspect de la plus belle récolte.

En somme, il s'agit non de faire des expériences,

mais de vulgariser, à l'aide de champs de démonstration, les résultats acquis dans les cultures expérimentales bien conduites. Or, le résultat final doit, sous peine de perdre toute valeur pratique, se traduire par un bénéfice net en argent aussi élevé que possible, résultant d'un bon choix de semences et d'engrais. Des chiffres basés sur des mesures et des pesées exécutées rigoureusement, auxquels on puisse accorder une confiance sans restriction, sont le point d'appui indispensable de cette démonstration. De là, nécessité d'entourer de toutes les garanties possibles l'emploi des crédits dont la commission du budget propose l'adoption au Parlement. Des mesures à employer, à côté des conditions scientifiques et techniques rappelées plus haut, la plus efficace à coup sûr est celle qui consiste à rendre, non un comité, si bien composé qu'il soit, mais un individu responsable de la direction des opérations et de la constatation des résultats obtenus. Pour avoir le droit d'exiger cela d'un citoyen, quel que soit son dévouement à la chose publique, il faut lui allouer une rémunération équitable. Le progrès que les champs de démonstration imprimeront à l'agriculture est à ce prix, il n'en faut pas douter.

La commission du budget en élevant, de concert avec le ministre de l'agriculture, les subventions beaucoup trop faibles jusqu'ici accordées par l'État aux stations agronomiques, rendra plus facile le concours que ces établissements scientifiques prêtent à l'agriculture; il y a lieu d'assurer, par une bonne répartition des crédits affectés aux champs de démonstration, le concours d'hommes éclairés à la direction de ces champs et à la publication des résultats obtenus.

Je m'estimerais heureux si ces modestes *Études*, accueillies avec tant de bienveillance par la presse et par les amis connus et inconnus auxquels j'adresse ici tous mes remerciements, pouvaient, comme j'en ai l'espoir, porter dans l'esprit de nos cultivateurs la conviction qui m'anime. L'union de la science, du capital et du travail peut seule ramener la prospérité dans nos campagnes. Les mesures fiscales seront, tout au plus, des palliatifs aux maux dont souffre la première de nos industries. C'est en s'instruisant, en s'associant pour perfectionner les méthodes de culture et de fumure, que propriétaires, fermiers et laboureurs obtiendront tout ce que le sol et le climat de notre beau pays peuvent leur donner, quand on saura s'y prendre pour atteindre les hauts rendements qu'on est en droit d'en espérer.

L. Grandeau.

1er décembre 1886.

ÉTUDES AGRONOMIQUES

I

LA NUTRITION DE LA PLANTE

Les aliments de la plante. — Ce qu'enlève au sol une récolte de blé. — Le pouvoir absorbant du sol. — Comment se nourrissent les végétaux. — Rôle de la dialyse dans l'alimentation de la plante. — Application de ces faits à la fumure de la terre. — Mode d'emploi des engrais minéraux. — Des labours profonds avec engrais et de leur influence sur les rendements.

La première condition du relèvement de l'agriculture réside dans l'accroissement du rendement du sol, accroissement dont la fumure est le principal facteur. Les plantes, comme les animaux, tirent leur alimentation du dehors. Admirables appareils de transformation des matières minérales en substance vivante, les végétaux, dépourvus, à l'inverse des animaux, de la faculté de locomotion, doivent, pour se développer, rencontrer dans les milieux où ils naissent et meurent — sol et atmosphère — les aliments indispensables à leur existence. De la quantité des substances assimilables mises à leur disposition durant leur période d'évolution dépendra, avant tout, l'intensité de leur développement et, partant, le poids de la récolte qu'ils fourniront.

Parmi les treize ou quatorze substances minérales dont l'assemblage, sous l'influence de la vie, constitue tous les végétaux[1], il en est quatre ou cinq tout au plus, trois seulement dans la plupart des cas, dont l'agriculteur aura à tenir compte, au point de vue du maintien ou de l'accroissement de la fertilité des sols qu'il cultive. Ces trois matières minérales sont l'azote, la potasse et l'acide phosphorique; la chaux et la magnésie font rarement défaut d'une manière assez complète dans les sols agricoles pour que leur restitution devienne nécessaire. Certains sols cependant exigent l'emploi de la chaux; nous reviendrons sur ce cas spécial, dans lequel l'addition de cette base à la terre joue un rôle multiple. Quant au fer, au

1. L'expérimentation directe a montré, on le sait, que les végétaux exigent la présence de neuf composés minéraux, savoir, quatre oxydes : potasse, chaux, magnésie, oxyde de fer, un composé neutre, l'eau, et quatre acides : carbonique, sulfurique, phosphorique et nitrique, pour constituer tous leurs tissus et parcourir toutes les phases de leur existence depuis la germination jusqu'à la fructification. L'absence de l'un de ces composés ou de leurs éléments rend tout développement du végétal impossible. La présence de ces neuf composés binaires suffit au contraire à l'alimentation du végétal. A côté de ces composés, reconnus physiologiquement indispensables et suffisants, on en rencontre, dans les tissus des plantes, quelques autres, tels que la silice, le manganèse, la soude et le chlore, qui ne paraissent pas indispensables, comme les premiers, au développement de l'organisme végétal.

soufre, au chlore, à la silice et au carbone, le sol est assez abondamment pourvu des quatre premiers, et l'air assez riche en acide carbonique pour que nous n'ayons jamais besoin de songer à restituer à la terre les quantités considérables de ces corps que les récoltes leur empruntent.

A l'exception des sols où le chaulage est nécessaire, pour d'autres raisons la plupart du temps que l'insuffisance proprement dite de la chaux envisagée comme aliment de la plante, le cultivateur aura donc à se préoccuper, dans les fumures qu'il applique à la terre, de lui rapporter trois seulement des éléments enlevés par les récoltes : l'azote, la potasse et l'acide phosphorique. Pour donner une idée de l'importance des emprunts faits à l'atmosphère et au sol par les récoltes, sans entrer dans l'examen détaillé de chacune d'elles, je prendrai comme exemple la culture du blé. Une récolte de 15 hectolitres de blé à l'hectare, récolte moyenne de la France, enlève, en nombres ronds, paille comprise, 33 kilogr. d'azote, 31 kilogr. de potasse, 15 kilogr. d'acide phosphorique. Pour une emblavure de 7 millions d'hectares, cela représente une consommation annuelle de 231 000 tonnes d'azote, 217 000 tonnes de potasse et 105 000 tonnes d'acide phosphorique. Une partie seulement, moitié au plus, de ces énormes quantités de principes fertilisants, fait retour au sol, sous forme de fumier. On conçoit aisément qu'à moins d'avoir affaire à des sols d'une richesse exceptionnelle, si l'on ne restitue pas à la terre les aliments des plantes qu'emportent les récoltes, les rendements vont bientôt en diminuant. C'est le cas des pays à sols vierges, de l'Amérique par exemple, qui, après avoir fourni pendant un certain temps sans fumier 15 ou 18 hectolitres de blé, voient leurs rendements moyens tomber au-dessous de 11 hectolitres, et ne donnent plus aujourd'hui (dans certaines régions des États-Unis) que 6 ou 7 hectolitres et parfois moins.

La conclusion manifeste de ce qui précède est, d'une part, la nécessité de restituer à la terre, pour en maintenir la fertilité, les éléments minéraux que les récoltes lui enlèvent; de l'autre, la possibilité d'accroître notablement sa fécondité en lui donnant, par la fumure, plus d'azote, de potasse et d'acide phosphorique que n'en exigent les récoltes, une partie seulement des principes fertilisants confiés à la terre étant utilisée par la plante [1].

Le fumier de ferme, dans la plupart des cas, est insuffisant pour atteindre le but, puisqu'il ne représente jamais qu'une partie des emprunts faits au sol, les produits exportés de la ferme (lait, viande, blé, etc.) n'y faisant pas retour. Le bétail de nos exploitations rurales est, d'ailleurs, beaucoup trop peu nombreux, par rapport à l'étendue des terres

1. En ce qui concerne l'azote, les expériences continuées pendant trente-deux années consécutives à Rothamsted par MM. Lawes et Gilbert ont montré que la culture du blé ne permet pas de récupérer plus de 36 à 40 pour 100 de l'azote des fumures chimiques, et 14 seulement de l'azote du fumier de ferme. L'orge et l'avoine utilisent 50 p. 100 environ de l'azote des nitrates et des sels ammoniacaux incorporés au sol.

cultivées, pour permettre une restitution complète. De là, nécessité pour accroître les rendements de l'emploi des fumures dites minérales : phosphates, nitrate, sulfate d'ammoniaque, sels de potasse. Tous nos efforts doivent donc tendre vers l'accroissement si désirable de notre bétail, tout en généralisant l'emploi des engrais minéraux, sur le rôle, le mode d'application et l'influence desquels on ne saurait assez chercher à propager des notions exactes, ignorées aujourd'hui d'un trop grand nombre encore de cultivateurs.

Nos connaissances exactes sur la nutrition des plantes, envisagées dans leurs rapports avec le sol, sont de date récente. L'expérimentation scientifique a révélé successivement, dans les quarante-six années écoulées depuis la publication de la *Chimie appliquée à l'Agriculture* de J. de Liebig, un ensemble de faits qui nous permet de marcher à coup sûr dans l'application des engrais à la production de nos diverses récoltes.

Avant 1840, on n'attribuait de valeur fertilisante qu'aux matières organiques d'origine animale ou végétale. En venant affirmer et démontrer que les plantes se nourrissent exclusivement de substances minérales, ammoniaque, nitrates, phosphates, sulfates, sels de chaux, de magnésie et de fer, Liebig et son école fournirent, avec l'explication de l'épuisement des sols en culture, l'indication des moyens propres à leur restituer la fécondité.

Ce point capital une fois établi, étant prouvé que

les véritables aliments des végétaux sont les matières minérales provenant du sol et de l'atmosphère, il était évident que l'analyse des végétaux et celle des terres où ils croissent devaient nous fournir des indications précieuses sur les exigences spéciales de chacune de nos récoltes et sur la nature des engrais à leur donner. De très nombreuses analyses de terres arables et de cendres de végétaux, jointes aux expériences culturales, ont abouti à la conclusion que j'indiquais en commençant, à savoir que le cultivateur doit se préoccuper de restituer au sol l'azote, la potasse et l'acide phosphorique et, dans certains cas, la chaux, enlevés par les récoltes, les autres principes nécessaires à la végétation existant toujours en quantité suffisante dans le sol et dans l'air.

Deux autres découvertes fondamentales, celle du pouvoir absorbant du sol pour les matières fertilisantes, due à Huxtable, Thomson et Th. Way [1], et celle des phénomènes dialytiques, par Graham, devaient imprimer à la science agricole un progrès des plus considérables, en modifiant complètement les idées régnant vers 1840 sur le mode de nutrition des

1. Gazzeri, professeur à Florence, avait constaté en 1819 la décoloration du purin filtré à travers de l'argile, et la fixation des principes fertilisants par le sol. Lambruschini en 1830 signala les mêmes faits. Bronner, pharmacien à Wiesloch, décrit à nouveau la même expérience, les observations de Gazzeri et de Lambruschini ayant passé inaperçues. Mais c'est aux chimistes anglais cités plus haut qu'on doit la première étude détaillée du phénomène de l'absorption ; en France Bruestlein, en Allemagne Liebig, en Angleterre Völcker et beaucoup d'autres expérimentateurs ont assis définitivement la doctrine du pouvoir absorbant du sol.

plantes et sur les conditions de fertilisation de la terre par les engrais. Nous allons les rappeler sommairement et résumer à grands traits l'état de nos connaissances sur cet important sujet.

On a longtemps pensé que les végétaux ne pouvaient se nourrir qu'en puisant, par leurs racines, les principes nutritifs qu'on supposait dissous dans l'eau qui imprègne la terre. On considérait comme indispensable pour la nutrition des plantes l'existence, dans le sol, d'un liquide tenant en dissolution les sels de chaux, de potasse, etc., destinés à fournir aux plantes les éléments de leurs tissus. Th. Way et ses successeurs montrèrent par une série d'expériences rigoureuses que les sels les plus solubles, tels que ceux d'ammoniaque et de potasse, les phosphates alcalins, etc., perdent leur solubilité au contact du sol arable, dans un temps très court et généralement d'autant plus complètement que la solution est étendue. De ces expériences résulte que la potasse, l'ammoniaque et l'acide phosphorique, en dissolution, se combinent aux éléments de la terre au travers de laquelle on fait filtrer leur solution : de plus, cette combinaison est tellement stable qu'un lavage ultérieur, une chute de pluie, dans le cas de la culture, n'enlèvent au sol qu'une faible partie des principes une fois fixés par la terre. C'est cette faculté spéciale au sol que Way a désignée sous le nom de *pouvoir absorbant* (*power of soils to absorb manure*).

Tous les principes constituants des végétaux ne sont pas absorbés par le sol : la chaux dans les sols calcaires, la soude et l'acide nitrique, notamment, se comportent, en traversant le sol à l'état de dissolution, à peu près comme ils le feraient à travers un filtre ordinaire. Ainsi s'explique, par cette action si différente du sol, suivant que l'on a affaire à l'un ou à l'autre des groupes de substances minérales indiquées plus haut, la prédominance de la chaux, des nitrates et de la soude dans les eaux de drainage, dans les eaux de sources, et, en général, dans toutes les eaux terrestres, tandis qu'on n'y rencontre que des quantités absolument insignifiantes et souvent nulles d'ammoniaque, de potasse et d'acide phosphorique.

Ces trois aliments des plantes, par excellence, ne peuvent donc exister en dissolution dans le liquide qui imprègne la terre. C'est ce qu'ont d'ailleurs directement établi les recherches de M. Th. Schlœsing.

En déplaçant le liquide existant dans un sol très fertile et en recherchant les matières qu'il tient en dissolution, M. Schlœsing a montré que les quantités de principes nutritifs contenues dans ce liquide sont absolument insuffisantes pour expliquer le développement de la plante : la majeure partie des matières minérales dissoutes dans le sol se compose, comme on devait s'y attendre, des éléments sur lesquels le pouvoir absorbant du sol ne s'exerce pas. Comment donc se nourrissent les végétaux, si le liquide du sol qu'on supposait être leur véritable alimentation ne renferme pas de principes nutritifs en quantités suffisantes, ce qui est certainement le cas pour les phosphates en particulier?

Les faits découverts par Graham, Sachs, Zœller, etc., vont nous servir à l'expliquer. Les membranes végétales et animales possèdent la faculté de permettre au liquide qui les baigne d'un côté de dissoudre, au travers de la membrane, un corps solide placé à l'extérieur et soluble dans le liquide qui baigne l'une des faces. Or le liquide intérieur des racines des végétaux est constamment acide et capable, en vertu de cette acidité, de dissoudre certaines substances, notamment les phosphates minéraux qui se trouvent en contact avec la paroi externe de la racine. Des expériences nombreuses et faciles à répéter ont mis hors de doute cette explication simple de la pénétration, dans l'intérieur du végétal, des matériaux solides du sol, sans l'intervention d'aucun liquide baignant le sol lui-même. C'est par dialyse que les sels nutritifs du sol s'introduisent dans le végétal : d'après cela, la fécondité d'une terre dépendra, avant tout, de l'état de dissémination des matières fertilisantes dans cette terre : plus les contacts des poils radiculaires avec ces dernières seront nombreux, mieux la plante se nourrira et plus considérable sera la récolte.

Du rapprochement des faits que je viens de rappeler sommairement découlent, pour la pratique agricole, des enseignements du plus haut intérêt. Nous allons en indiquer quelques-uns. Puisque le sol fixe, dès qu'il les rencontre en dissolution, la potasse, l'ammoniaque et l'acide phosphorique, plus l'épandage et le mélange des engrais avec la terre seront parfaits, plus on augmentera la fertilité du sol; on ne peut, en effet, compter, comme on le faisait autrefois, sur la pluie pour dissoudre après coup les engrais et les mettre sous forme liquide à la portée des racines; la pluie peut aider à la dissémination de l'engrais, mais elle est impuissante à dissoudre les éléments fixés en vertu du pouvoir absorbant. D'un autre côté, nous avons vu que les nitrates, source précieuse d'azote pour les plantes, ne sont pas absorbés par le sol; il en résulte que c'est surtout en couverture, au moment où la végétation est active et permet leur prompte utilisation par la plante, que le cultivateur devra les employer. Il est à craindre, en effet, que les nitrates enfouis dans le sol trop longtemps avant de pouvoir être absorbés par la plante ne soient entraînés dans le sous-sol et finalement emportés dans les eaux de drainage. La conséquence capitale de tout ce qui précède, c'est la nécessité de répandre les engrais potassiques, phosphatés et ammoniacaux avant les labours, de les mélanger au sol jusqu'à la profondeur à laquelle devront pénétrer les racines des plantes auxquelles on les destine, et de réserver, pour les semer en couverture, les nitrates de soude et de potasse. Plus le mélange des engrais avec le sol sera intime, plus leur action sera marquée. C'est, en effet, la dissémination physique des matières fertilisantes qui importe avant tout, puisque, une fois localisées dans le sol, les pluies ne les enlèveront pas pour les porter plus loin.

Bon nombre des insuccès constatés dans l'emploi des engrais chimiques sont dus à la méconnaissance des faits qui précèdent. Semés superficiellement après labour, les phosphates et les sels de potasse, n'arrivant pas au contact des racines des végétaux, restent sans influence, surtout dans les années sèches : employés au moment de la semaille, les nitrates sont lessivés par les pluies, dans les années humides ; ils disparaissent dans le sous-sol avant que les végétaux aient pu les utiliser.

II

LA TERRE ARABLE

De la constitution des sols. — Mode d'association de leurs éléments. — Rôle de l'argile. — Rôle des matières organiques. — La théorie de l'humus et la doctrine minérale. — Rôle du terreau dans l'ameublissement du sol. — Travaux de M. Th. Schlœsing. — Importance du fumier de ferme.

Dans la rapide esquisse des rapports de la plante avec le sol, à laquelle j'ai consacré le précédent chapitre, je n'ai parlé que des matières minérales qui sont les véritables aliments des plantes. Il ne faudrait pas conclure du silence que j'ai gardé à l'endroit des substances organiques qu'elles ne jouent aucun rôle dans l'entretien de la fertilité de la terre. Leur présence est, au contraire, des plus utiles. Un sol fécond en renferme toujours une proportion plus ou moins notable, et nous commençons à connaître leur véritable rôle, sur lequel les recherches de M. Th. Schlœsing notamment ont jeté dans ces dernières années un jour considérable [1].

1. Voir *Contribution à l'Étude de la chimie agricole* (Encyclopédie chimique, publiée sous la direction de M. Frémy, tome X,

C'est un fait d'observation séculaire que les sols riches en matières d'origine végétale ou animale, les *terres grasses*, comme les nomment les cultivateurs, sont, toutes choses égales d'ailleurs, plus fécondes que les autres. Poussée à l'extrême, cette notion a conduit à l'ancienne théorie de l'humus, d'après laquelle le taux de la matière organique d'un sol était l'étalon de sa fertilité, la matière organique étant considérée alors comme le seul aliment de la plante. L'humus était devenu la mesure de toutes les conditions économiques de l'exploitation rurale : récoltes, appauvrissement ou accroissement de fécondité du sol, restitution par les fumures, alimentation du bétail, s'évaluaient d'après le taux de matière organique exporté par les récoltes ou restitué à la terre après l'enlèvement.

Cette doctrine, dans laquelle il n'était tenu aucun compte des poids ni de la nature des substances minérales nutritives enlevées par les récoltes : potasse, chaux, acide phosphorique, azote, etc., devait fatalement conduire à l'appauvrissement des terres en culture, puisque le fumier, comme nous l'indiquions tout à l'heure, ne restitue pas, à beaucoup près, au sol, les principes minéraux exportés de la ferme. M. Boussingault, en appelant l'attention des agriculteurs sur la teneur très inégale des diverses

Dunod, 1885). Sous ce titre modeste, M. Th. Schlœsing a réuni en un volume du plus haut intérêt ses travaux originaux sur le sol et l'atmosphère. Consulter également *Chimie et physiologie appliquées à l'agriculture*, par L. Grandeau, t. I, Berger-Levrault et Cie, in-8°, 1879.

récoltes en azoté et en démontrant que les plantes n'empruntent point directement ce corps à l'azote gazeux de l'air, mais bien aux combinaisons ammoniacales et nitriques du sol ou de l'atmosphère, posait un premier jalon dans la voie de la théorie minérale que Liebig développait magistralement, en 1840, dans sa *Chimie appliquée à l'agriculture.*

En venant établir que les véritables aliments des plantes sont tous des combinaisons minérales, depuis l'eau et l'acide carbonique jusqu'aux éléments qui constituent les cendres des végétaux, ce grand esprit ouvrait à l'agriculture pratique des horizons absolument nouveaux. De la propagation de la doctrine de la nutrition minérale des végétaux date l'emploi, chaque jour croissant, des engrais minéraux, sels de potasse et d'ammoniaque, nitrates et phosphates. Comme il arrive fréquemment, les adeptes de la nouvelle doctrine dépassèrent la mesure : après qu'on eût considéré le fumier de ferme comme l'unique moyen de maintenir la fertilité du sol, certains théoriciens en arrivèrent à le proscrire ou, tout au moins, à prétendre que les matières organiques qu'il apporte au sol sont absolument inutiles et que, dans *tous les sols* — c'est là qu'est l'erreur, — on peut indéfiniment obtenir des récoltes rémunératrices avec le seul emploi des matières minérales. La vérité ici, comme en beaucoup de choses, est dans le moyen terme; l'association des deux doctrines au point de vue de l'explication des causes de la fertilité des sols rend compte de tous les faits culturaux.

Pour aborder avec clarté les diverses questions qui ont trait au rôle respectif des substances minérales et des matières organiques en agriculture, j'ai besoin d'entrer en quelques détails sur l'état de combinaison et de répartition de ces divers principes dans un sol de bonne qualité.

Une terre fertile est composée de quatre principes, associés en proportions différentes, mais qui n'y font jamais défaut. Ce sont le sable, le calcaire, l'argile et les matières combustibles ou organiques. Ces quatre principes ne se trouvent point, dans la plupart des sols, à l'état de mélange plus ou moins parfait, mais bien sous forme de combinaison si intime que chacune des parcelles les plus ténues du sol les renferme en quantités égales (je parle de la terre fine, débarrassée des cailloux et des débris de végétation). Leur association est tellement étroite qu'on ne peut souvent les distinguer les unes des autres à l'aide du microscope et que des opérations chimiques sont nécessaires pour les mettre en évidence et permettre d'en déterminer les proportions. Chaque grain de terre fine doit donc être envisagé comme un *tout* mettant à la disposition de la racine au contact de laquelle il se trouve les éléments indispensables à la plante. Le sable, l'argile, le calcaire et les éléments qu'ils contiennent, chaux, magnésie, potasse, acide phosphorique, soufre, etc., dérivent des roches et minéraux qui forment la croûte terrestre; les matières organiques, bien qu'ayant perdu absolument toute trace d'organisation et intimement associées à la substance minérale, ont pour origine les végétaux et secondairement les détritus animaux.

Les belles recherches de M. Th. Schlœsing nous ont fait connaître, dans leurs particularités essentielles, plusieurs des fonctions des substances organiques qu'on désigne d'un mot : *humus* ou *terreau*. Elles nous ont notamment révélé le rapport étroit qui les unit aux trois autres éléments du sol, et la part importante qui leur revient dans la permanence des conditions de fertilité de la terre. L'élément dominant de la plus grande partie des sols cultivés est le sable, les matériaux siliceux étant, à part certaines formations géologiques comme la craie, les plus abondamment répandus à la surface du globe. Or la cohésion manque complètement dans un sol sablonneux (dunes, etc.); la terre arable doit cette propriété à la présence de l'argile coagulée, comme l'a montré M. Schlœsing, par l'action des sels calcaires du sol et à la présence des matières organiques. L'existence dans le sol de l'élément calcaire s'oppose à la séparation de l'argile d'avec le sable, qui aurait pour résultat l'entraînement de l'argile, par l'eau pluviale, dans le sous-sol, et la mise en liberté du sable qui demeurerait à la surface et constituerait une terre de très médiocre qualité. Mais, pour que l'argile exerce ce rôle, il faut qu'elle existe dans la terre végétale, au moins dans la proportion de dix pour cent. Or il y a des sols parfaitement meubles, doués d'une très grande cohésion, dans lesquels le taux d'argile est loin d'atteindre cette proportion : certains sols noirs de Russie, par exemple, célèbres par leur fertilité. Quel est donc, dans les terres pauvres en argile, l'agent cohésif qui maintient l'ameublissement en s'opposant à la séparation du sable d'avec les autres éléments? C'est la matière organique. Les expériences de M. Schlœsing ont prouvé que l'humus, associé au sable et au calcaire, possède à un degré beaucoup plus élevé que l'argile la faculté de cimenter les particules sableuses. Un pour cent de matière humique équivaut à dix pour cent d'argile et communique à un mélange de sable et de calcaire les propriétés physiques du meilleur sol. De plus, ce ciment organique de la terre végétale, qui supplée si parfaitement dans les sols noirs de Russie à l'insuffisance de l'argile, possède inversement, d'après les expériences de M. Schlœsing, la faculté de tempérer, dans d'autres cas, les propriétés plastiques de l'argile. Mêlés ensemble, ces deux ciments n'ajoutent point leurs effets. Bien au contraire, les essais directs de M. Th. Schlœsing ont montré que, lorsqu'on associe à l'argile l'humus en proportion suffisante, la cohésion de l'argile se trouve diminuée.

De ces intéressantes expériences découlent pour la pratique agricole de nombreux enseignements. Elles justifient, en les expliquant, deux vieux adages des cultivateurs, en apparence contradictoires : « Le terreau donne du corps aux terres légères », et : « Le terreau ameublit les terres trop fortes ». En effet, la présence de matières organiques ajoute de la cohésion aux sols sableux et diminue celle des sols argileux. Les praticiens ont tous constaté que certains sols autrefois meubles, faciles à labourer, fertiles, doués d'une cohésion suffisante, perdent toutes ces qualités si l'on cesse de leur appliquer une fumure organique suffisante; ils disent alors que la terre *s'effrite*. Le fait est exact, ces sols tombent en poussière, et c'est encore par le rôle de la matière humique que cela s'explique. La matière organique se brûle lentement dans le sol, en fournissant de l'acide carbonique : si la combustion est plus rapide que la restitution par la fumure des détritus organiques et si l'on a affaire à un sol pauvre en argile, la cohésion disparaît assez rapidement.

On voit combien le rôle de la matière humique est considérable et utile en ce qui concerne les propriétés physiques du sol. Au point de vue chimique, son importance n'est pas moindre. Je reviendrai plus tard sur la part prépondérante qui lui appartient dans les phénomènes de la nitrification, source d'une partie notable des aliments azotés des plantes. Pour l'instant, je voudrais présenter encore quelques observations sur l'influence des matières organiques et, par conséquent, du fumier de ferme, dans le mécanisme de la nutrition des plantes, conditions premières des récoltes abondantes.

Nous avons vu précédemment que toutes les découvertes de la chimie appliquée à l'étude des rapports du sol avec les végétaux convergent vers la démonstration de ce fait, trop peu connu des cultivateurs, que la dissémination des éléments nutritifs dans la couche arable constitue l'une des causes les plus actives, sinon la plus active de la fécondité du sol. La plante, immobilisée dans le point où elle naît, n'a d'autre moyen de se procurer son alimentation que l'extension de ses racines. Or ces dernières, ne pouvant emprunter leurs aliments à la prétendue dissolution nutritive du sol, tout au moins en ce qui concerne les éléments peu solubles ou insolubles, phosphates, silice, etc., tirent toutes les substances que ne leur fournit pas l'atmosphère des particules en contact immédiat avec elles, la part d'aliments que l'eau pluviale dissout en tombant dans le sol étant infiniment faible. On comprend donc de quelle importance est l'ameublissement d'un sol au point de vue de sa fertilité. Plus les particules seront ténues, mieux pourront s'y développer la racine et ses subdivisions, meilleure sera l'alimentation de la plante, et, partant, plus élevé sera le rendement du sol. Tout ce qui contribuera à disséminer dans la couche arable les aliments minéraux du végétal contribuera, du même coup, à l'accroissement du poids de la récolte : épandage régulier des engrais suivi de labours suffisamment profonds, hersage, labours multipliés avant la semaille, sont autant d'opérations rémunératrices, par suite de la dissémination des substances nutritives. La matière organique, n'eût-elle que cet effet, jouerait donc, en agriculture, un rôle des plus précieux, et les efforts des cultivateurs doivent porter sur son maintien dans le sol à l'aide du fumier de ferme, en proportion suffisante pour conserver à la couche arable le degré d'ameublissement si favorable à la végétation. Associé aux phosphates, aux engrais azotés et potassiques qui le complètent, le fumier de ferme est et demeure l'engrais par excellence. On ne saurait trop déplorer la négligence des cultivateurs laissant sans utilisation une partie importante des détritus végétaux et animaux de la ferme. Autant il est certain qu'à part des cas exceptionnels la culture au fumier de ferme seul conduit difficilement aux rendements élevés que l'emploi simultané d'engrais commerciaux permet d'atteindre, autant il serait funeste de voir se propager la doctrine des fumures exclusivement minérales. En négligeant ses fumiers, en laissant inutilisés les matériaux élaborés par les plantes et les résidus de l'alimentation du bétail et de l'homme, l'agriculteur français subit, chaque année, des pertes qui s'élèvent, si elles ne la dépassent, à la valeur d'un milliard en numéraire, comme il est facile de le prouver. De plus, indépendamment des quantités colossales d'azote, d'acide phosphorique et de potasse ainsi perdues, le cultivateur abandonne du même chef d'énormes quantités de substances organiques dont le mélange à ses terres exercerait sur leurs propriétés physiques le rôle si bien élucidé par les beaux travaux de M. Schlœsing.

En admettant comme sensiblement conformes à la réalité les relevés statistiques officiels, on peut fixer en nombres ronds la population et le bétail de la France aux chiffres suivants :

Habitants	36 000 000
Bœufs et vaches	10 000 000
Chevaux	3 000 000
Moutons	35 000 000
Porcs	6 000 000

D'après les analyses nombreuses que l'on possède aujourd'hui des excréments liquides et solides des hommes et des animaux, il est possible d'évaluer approximativement la valeur en argent de l'azote, de l'acide phosphorique et de la potasse qu'ils renferment. Voici le résumé des données qui permettent d'établir ce calcul :

I. — Espèce humaine.

Quantité d'excréments par tête et par année :

A. — *Solides*, 48k,5, *contenant :*

Azote	1k,010	à 2f,00 le kil. =	2f,02
Acide phosphorique	0 493	à 0 60 le kil. =	0 30
Potasse	0 171	à 0 50 le kil. =	0 08

B. — *Liquides*, 438 *kilogr., contenant :*

Azote	4k,400	à 2f,00 le kil. =	8 80
Acide phosphorique	0 650	à 0 60 le kil. =	0 39
Potasse	0 835	à 0 50 le kil. =	0 42
Valeur des excréments par tête et par an			12f,01

II. — Espèce bovine.

Quantité d'excréments par tête et par année :

A. — *Solides*, 12 775 *kilogr., contenant :*

Azote	44k,71	à 2f,00 le kil. =	89f,42
Acide phosphorique	30 66	à 0 60 le kil. =	18 39
Potasse	7 84	à 0 50 le kil. =	3 92

B. — *Liquides* [1], 3 650 *kilogr., contenant :*

Azote	16k,06	à 2f,00 le kil. =	32 12
Valeur des excréments par tête et par an			143f,85

1. Je néglige dans ce calcul les quantités d'acide phospho-

III. — Espèce chevaline.

Quantité d'excréments par tête et par année :

A. — *Solides*, 5 475 *kilogr., contenant :*

Azote..................	29k,565 à 2f,00 le kil. =	59f,13
Acide phosphorique....	19 710 à 0 60 le kil. =	11 82
Potasse................	16 060 à 0 50 le kil. =	8 03

Liquides, 547k,51 *contenant :*

Azote..................	12k,730 à 2f,00 le kil. =	25 46
Valeur des excréments par tête et par an.....		104f,44

IV. — Espèce ovine.

Quantité d'excréments par tête et par année :

A. — *Solides*, 365 *kilogr., contenant :*

Azote..................	2k,630 à 2f,00 le kil. =	5f,26
Acide phosphorique....	2 850 à 0 60 le kil. =	1 71
Potasse................	0 657 à 0 50 le kil. =	0 33

B. — *Liquides*, 182k,5, *contenant :*

Azote..................	2k,39 à 2f,00 le kil. =	4 78
Valeur des excréments par an et par tête.....		12f,08

V. — Espèce porcine.

Quantité d'excréments par tête et par année :

A. — *Solides* [1], 547k,5, *contenant :*

Azote..................	3k,83 à 2f,00 le kil. =	7f,66
Potasse................	0 98 à 0 50 le kil. =	0 49

B. — *Liquides*, 1,095 *kilogr., contenant :*

Azote..................	5k,52 à 2f,00 le kil. =	11 04
Acide phosphorique....	8 76 à 0 60 le kil. =	5 26
Valeur des excréments par tête et par an.....		24f,45

rique et de potasse des urines; elles sont peu importantes. Voir Heiden, *Düngerlehre*, 2e volume.

1. Les quantités d'acide phosphorique, considérables dans l'urine du porc, sont tout à fait négligeables dans les excréments solides du même animal.

J'ai attribué à l'azote, à l'acide phosphorique et à la potasse les valeurs moyennes qu'on leur peut donner aujourd'hui en présence des prix de ces substances dans les engrais industriels. — Si maintenant nous appliquons ces données aux chiffres indiqués par la statistique agricole rapportée plus haut, nous trouvons pour la valeur totale des excréments humains et animaux produits annuellement en France :

Espèce humaine...	36 000 000	à	12f,01	=	432 360 000f
Espèce bovine.....	10 000 000	à	143 85	=	1 438 500 000
Espèce chevaline..	3 000 000	à	104 44	=	313 320 000
Espèce ovine......	35 000 000	à	12 08	=	422 800 000
Espèce porcine....	6 000 000	à	24 45	=	146 700 000
					2 753 680 000f

Soit en nombre rond DEUX MILLIARDS ET TROIS QUARTS.

Telle est la valeur en azote, acide phosphorique et potasse des excréments produits annuellement sur le territoire français.

L'azote total contenu dans les excréments s'élève à 1 157 645 000 kilogr. (1 milliard 158 millions de kilogr.) ; il suffirait, à raison de 40 kilogr. par hectare et par an (quantité que l'on est loin de donner en moyenne), pour fumer la totalité des terres en culture.

Quelle quantité de principes fertilisants l'agriculture perd-elle annuellement par la force des choses et par la faute des hommes ? Cela est difficile à traduire par des chiffres même approximatifs. La plupart de nos villes laissent s'écouler dans les rivières et les fleuves qui les arrosent, et cela au grand détriment de la salubrité publique, la plus grande partie des matières fertilisantes produites par leurs habitants; d'un autre côté, les cultivateurs négligent d'une façon profondément regrettable la récolte du purin et l'entretien de leurs fumiers. Cette incurie, de part et d'autre, se traduit par une perte sèche que je crois pouvoir évaluer, sans être taxé d'exagération, à un demi-milliard par année.

Si l'on admet, en effet, que, par la force des choses et sans qu'on puisse en imputer la faute à personne, il se perde tous les ans un quart de la valeur des excréments produits, soit, en chiffres ronds, 700 000 000 de francs, il reste encore pour 2 milliards d'engrais qu'on pourrait utiliser.

Supposons que, par négligence, mauvaise administration, incurie, nous perdons dans les villes et dans les campagnes le quart seulement de ce qui nous reste, on voit que c'est encore 500 millions que nous laissons s'anéantir tous les ans sans profit pour l'agriculture et aux dépens de l'hygiène publique

L'intervention de l'État, et en particulier celle du ministère de l'agriculture, pourraient être des plus utiles au cas particulier. Si le Parlement votait une subvention spéciale à l'agriculture, prélevée sur le produit des droits des douanes sur les céréales, par exemple, subvention destinée à permettre aux sociétés locales de récompenser les cultivateurs soigneux de leurs fumiers, d'aider à la création de fosses à fumier et à purin, à l'aménagement des habitations rurales en vue d'un traitement meilleur des fumiers, il rendrait un très grand service à notre agriculture.

Les excréments des animaux, dont le mélange avec les litières constitue le fumier de ferme, seront toujours l'engrais par excellence. Le cultivateur soucieux de ses intérêts doit plus que jamais aujourd'hui porter son attention sur la confection, la conservation et l'emploi des fumiers.

III

LES ALIMENTS AZOTÉS DE LA PLANTE

Rôle de l'azote dans l'alimentation des plantes. — Origines et sources de l'azote des êtres vivants. — De la nitrification des sols. — Importance économique de la question. — Recherches de MM. Müntz et Marcano sur la nitrification. — Formation des nitrières de l'Équateur.

A quelque point de vue qu'on l'envisage, l'étude du rôle de l'azote dans la nature présente un intérêt de premier ordre. Elément fondamental de tous les tissus vivants, depuis la cellule microscopique jusqu'à l'appareil organique le plus complexe, l'azote est indispensable à toute manifestation de la vie. On sait que les matières azotées des plantes alimentaires et des fourrages (albumine, fibrine et caséine végétales) sont l'unique source des liquides et des tissus (sang, muscles, chair, etc.) de l'homme et des animaux. Les animaux se trouvent complètement sous la dépendance des végétaux; ils sont leurs tributaires dans l'acception la plus étroite du mot. En effet, l'animal est absolument inapte à fabriquer ses organes et à réparer leur usure à l'aide d'aliments minéraux, tandis que la plante, par un mécanisme dont le fonctionnement nous échappe encore complètement, puise à des sources exclusivement inorganiques (ammoniaque et acide nitrique) l'azote qui se transforme dans ses tissus en albumine, gélatine, caséine végétales qui servent à nourrir l'animal.

La végétation a donc précédé nécessairement les animaux à la surface du globe. Si, par impossible, la vie végétale cessait tout à coup sur la terre, les animaux disparaîtraient avec elle, dans l'espace de quelques jours. Les plantes, formant le trait d'union qui relie le monde minéral au monde animal, constituent le chaînon indispensable qui ferme le cercle de la vie. La relation forcée, indiscutable, qui existe entre le développement de la matière azotée dans les plantes et l'entretien de la vie animale sur notre planète, explique l'intérêt de premier ordre qui s'attache à toutes les questions d'origine, de source et d'assimilation de l'azote.

La population de la France consomme, par jour, une quantité de substances azotées qu'on peut évaluer à trois millions et demi de kilogrammes, ce qui, par année, représente un nombre rond de 1 300 000 tonnes d'albumine, de fibrine, etc., animales ou végétales. L'importance économique de la question de l'azote est suffisamment indiquée par ce chiffre.

Son intérêt pour le cultivateur est tout aussi facile à mettre en évidence. L'air est un immense réservoir d'azote, au sein duquel naît, se développe et meurt la matière vivante. Formée, pour les quatre cinquièmes de son volume, de gaz azote pur, l'atmosphère semble, au premier coup d'œil, offrir aux plantes l'élément fondamental des matières albuminoïdes, avec une telle profusion que le cultivateur ne doive pas avoir à se préoccuper de restituer à la terre les quantités d'azote qu'il exporte par les récoltes. On pourrait croire, pour l'azote plus encore que pour le carbone et pour l'eau, que la nature présente aux plantes que nous cultivons des quantités si grandes de matière première qu'aucun épuisement ne soit à craindre. Cela serait vrai si les végétaux étaient doués de la faculté d'utiliser directement l'azote de l'air comme ils utilisent le carbone de l'acide carbonique et l'hydrogène de l'eau pour constituer l'amidon, le sucre, etc. Il n'y a donc pas lieu de s'étonner du nombre des recherches entreprises depuis près d'un demi-siècle pour résoudre le problème de l'origine de l'azote des plantes.

Suivant en effet qu'il sera démontré que l'azote gazeux de l'air est ou non un aliment pour le végétal; suivant qu'on sera conduit à admettre ou à nier que le sol et l'atmosphère offrent aux végétaux, sous une forme quelconque, l'azote assimilable en quantité suffisante pour leur développement, on conclura à la nécessité des engrais azotés ou à leur utilité. Or, sous le rapport économique, la conclusion aura un intérêt majeur, l'azote assimilable (ammoniaque et azote nitrique) figurant, par son prix élevé, en tête des matières fertilisantes.

Les agronomes et les chimistes les plus éminents se sont efforcés de résoudre le problème du rôle de l'azote dans la végétation; les recherches magistrales de Lawes, Gilbert et Pugh, en Angleterre, de Boussingault, Kuhlman, Schlœsing et Müntz, en France, ont complètement élucidé la question, et je vais, avant d'aller plus loin, chercher à résumer en quelques propositions les faits actuellement acquis à la science.

1° L'azote gazeux de l'air n'est pas absorbé par les végétaux et ne joue aucun rôle direct dans la nutrition des plantes.

2° Le sol ne fixe, en aucune circonstance, en quantité appréciable, l'azote gazeux de l'atmosphère.

3° Les sources médiates ou immédiates d'azote assimilable, actuellement connues, que les végétaux rencontrent dans le sol ou dans l'air, sont au nombre de trois seulement : l'acide nitrique et l'ammoniaque formés ou déversés dans l'atmosphère et qui arrivent au sol et à la plante par l'intermédiaire des météores aqueux (rosées, pluies, etc.) ; l'ammoniaque provenant de la décomposition des matières azotées d'origine animale ou végétale; enfin l'azote nitrique résultant de la nitrification des mêmes substances organiques dans le sol.

On remarquera que l'azote assimilable provenant de la décomposition des organismes végétaux et animaux ou de leur nitrification, exigeant la préexistence de ces organismes à la production de l'ammoniaque et de l'acide nitrique qui en dérivent, ne peut point être considéré comme une source première d'azote pour les plantes. On n'oubliera point non plus que, dans la décomposition ultime des matières azotées végétales ou animales, une partie seulement de leur azote se transforme en ammoniaque et en acide nitrique, le reste faisant retour à l'atmosphère sous forme d'azote gazeux inutilisable pour la végétation. Il résulte de là que l'ammoniaque et l'acide nitrique formés dans l'air par la combinaison directe de leurs éléments (azote, oxygène et hydrogène), sous l'influence des décharges et des effluves obscurs de l'électricité atmosphérique, joints aux faibles quantités des mêmes corps produites par la combustion, sont, jusqu'à présent du moins, les seules sources directes de l'azote de tous les êtres vivants.

On a longtemps admis la nitrification directe de l'azote de l'air, c'est-à-dire l'union de l'azote et de l'oxygène atmosphériques dans le sol. Les recherches classiques de MM. Boussingault et Schlœsing ont réduit à néant cette hypothèse; celles de MM. Schlœsing et Müntz, confirmées par les travaux de R. Warington, ont assigné au phénomène de la nitrification sa véritable nature, en montrant qu'il est étroitement lié à la présence d'un organisme microscopique, sans l'intervention duquel il ne saurait se produire.

MM. Boussingault et Schlœsing ont mis hors de doute la nécessité de la présence d'une substance organique azotée, d'une matière ayant vécu par conséquent, pour que la nitrification s'accomplisse dans le sol : une partie de l'azote de la substance azotée passe à l'état de nitrate; une quantité plus faible se transforme en ammoniaque; le reste de l'azote, mis en liberté, se dissipe dans l'atmosphère sans servir à la nutrition des plantes. MM. Schlœsing et Müntz ont, en outre, découvert ce fait capital que la nitrification est un phénomène corrélatif de la vie, qui prend naissance exclusivement en présence de substances organiques azotées, sous l'influence d'un être microscopique agissant à la manière des ferments découverts par M. Pasteur. Ce ferment est figuré, son action peut être suspendue par les anesthésiques; le ferment une fois tué, le sol ne nitrifie plus.

Tel est, très en raccourci, le bilan de nos connaissances exactes sur l'origine du rôle des substances azotées de l'air et du sol dans la végétation. Quelque incomplet que soit cet exposé, il suffira, je l'espère, pour préciser l'état de la question, qui se résume en ceci : les animaux tirent toute leur alimentation des végétaux; ceux-ci l'empruntent au monde minéral, et, en ce qui concerne l'azote, à l'ammoniaque et à l'acide nitrique, qui prennent naissance dans l'air, par les actions électriques dont l'atmosphère est le siège, et, secondairement, dans le sol, par la transformation des matières organiques, sous l'influence d'un ferment spécial.

MM. Müntz et Marcano ont communiqué à l'Académie des sciences un travail fort intéressant sur les terres nitrées du Chili, travail complété par une publication de M. Müntz adressée en décembre 1885 à l'Académie. Ces deux notes jettent une vive lumière sur les conditions de la formation des gisements de nitrate de soude, restée inexpliquée jusqu'ici.

On trouve dans les pays intertropicaux d'immenses gisements de nitrates (Chili et Pérou), et souvent des terres nitrées, infiniment plus riches en nitrates que les sols les plus fertiles de nos contrées. Ce sont ces terres, prélevées dans diverses parties du Venezuela, qui ont été étudiées par MM. Müntz et Marcano.

Le point capital que les auteurs se sont proposé de mettre en relief est que la formation des gisements de nitrate de soude, demeurée jusqu'ici sans explication assise sur des faits probants, est due à la transformation de l'azote d'origine animale : oiseaux, chauves-souris, etc., si prodigieusement abondants aujourd'hui encore dans les régions tropicales. Pour l'établir, MM. Müntz et Marcano s'appuient sur la comparaison des résultats fournis par l'analyse de terres nitrées prises plus ou moins loin des gisements de guano et de colombine. Les terres nitrées sont surtout abondantes autour des cavernes servant de refuge aux oiseaux et aux chauves-souris. Les déjections de ces animaux et leurs cadavres s'accumulent dans ces cavernes, d'où ils débordent pour se répandre autour d'elles.

Se trouvant en contact avec la roche calcaire, ils nitrifient rapidement là où l'accès de l'air est suffisant. La nitrification graduelle de ce guano s'observe autour de ces grottes : le nitrate rayonne pour ainsi dire tout à l'entour, quelquefois à des distances de plusieurs kilomètres. On saisit donc là le gisement de nitrate en pleine formation. L'exemple suivant, se rapportant à la grotte Sainte-Marguerite, montre la marche du phénomène qui s'accomplit sous l'influence d'un organisme microscopique ressemblant à celui du continent, mais beaucoup plus volumineux que ce dernier :

	p. 100 [1]	p. 100 [2]	p. 100 [3]
Azote organique	11,74	2,41	0,80
Azotate de chaux	0,00	3,03	10,36
Acide phosphorique	3,68	1,15	6,10

Dans certaines terres, les auteurs ont trouvé plus de 30 p. 100 de nitrate de chaux.

Là où l'on trouve simultanément les débris de la vie animale et le nitre qui se produit à leurs dépens et où l'on peut, en quelque sorte, suivre pas à pas la transformation de la matière azotée, comme à la grotte Sainte-Marguerite, aucune autre cause que la nitrification par les ferments organisés ne peut être invoquée pour expliquer la formation du gisement de nitre.

La présence des phosphates, coïncidant avec celle des nitrates dans tous les sols nitrifiés étudiés par MM. Müntz et Marcano, les autorise à invoquer également une origine animale pour le nitre des sols où la transformation des matières animales est si complète qu'elles ont perdu toute trace d'organisation.

Pour eux, il y a analogie complète entre les terres

1. Guano de l'intérieur de la grotte.
2. Terre prise à l'extérieur de la grotte.
3. Terre plus éloignée de la grotte.

nitrées dont l'origine animale est visible et celles dont la matière organique a été déjà en grande partie oxydée et dans lesquelles, par suite, la production du nitre est ralentie.

Les observations de MM. Müntz et Marcano permettent donc d'attribuer une origine purement animale aux gisements de nitrate. L'ancienne hypothèse de l'intervention de l'électricité dans ces formations ne saurait plus être soutenue, en présence des faits observés et si bien étudiés par M. Müntz et son collaborateur : localisation des nitrates; présence constante de grandes quantités de phosphates, celle de l'organisme nitrifiant; enfin constatation des phénomènes qu'on peut observer dans les dépôts en voie de formation.

Dans son second mémoire, M. A. Müntz établit l'intervention des eaux de la mer dans la formation des gisements de nitrate de soude, en se fondant sur la présence de l'iode et du brome à l'état d'acide iodique et d'acide bromique dans le nitrate des côtes du Pacifique.

M. Müntz, après cette constatation, a été conduit à rechercher si les iodures et les bromures, placés en présence de l'organisme nitrifiant dont la faculté d'oxydation est si grande, pouvaient fixer de l'oxygène pour se transformer en iodates et en bromates. L'expérience a démontré qu'il en est ainsi. La présence de l'iode et du brome, qui existent en proportion notable dans la mer et ailleurs à l'état de traces seulement, montre que la mer est intervenue; ce que confirme en outre l'existence du sel marin mêlé au nitre. Comme c'est à l'état *oxydé* et non à l'état de bromure et d'iodure qu'on rencontre les deux corps simples dans le nitre, on doit conclure que c'est antérieurement à la nitrification ou pendant qu'elle s'est produite que la mer a été en contact avec les sols nitrifiants. Il y a donc lieu d'admettre l'intervention des eaux marines, plus ou moins concentrées, à une époque qui a coïncidé avec la formation du nitre.

Nous avons vu précédemment que dans les terres nitrées, ce n'est pas du nitrate de soude, mais bien du nitrate de chaux qui se forme sous l'action du ferment. Ce nitrate de chaux est ensuite transformé par l'action réciproque du sel marin en nitrate de soude et en chlorure de calcium. Les expériences directes de M. Müntz le démontrent, et la conclusion qui en ressort est que la formation du nitre résulte d'une double décomposition entre le nitrate de chaux et le sel marin. Le nitre ne contient pas de phosphates, tandis que, dans les terres nitrées, cette substance ne fait jamais défaut; de là cette troisième conclusion du travail de M. Müntz : le nitre ne s'est pas produit dans les points où on le trouve; il a voyagé et n'a fait que se concentrer dans les gisements actuels.

L'ensemble des recherches exécutées par MM. Müntz et Marcano, et depuis par M. Müntz seul, peut se résumer dans les quatre points suivants :

1° Les gisements de nitre doivent leur origine à l'azote des matières organiques, oxydées sous l'influence du ferment de la nitrification.

2° L'eau de mer ou peut-être l'eau mère de marais salants a été en contact avec ces matières pendant le cours de la nitrification.

3° Le nitrate de soude est produit par une double décomposition entre le nitrate de chaux originairement formé et le sel marin.

4° Le nitrate de soude ne s'est pas formé dans les terrains qu'il occupe actuellement : il s'y est concentré après avoir quitté son lieu d'origine.

Qu'il me soit permis de tirer une conclusion pratique des très intéressantes recherches que je viens de résumer. La nitrification du sol étant absolument liée, dans les terres de nos contrées comme sous l'équateur, à la présence des substances organiques d'origine animale, on voit de quelle importance sont pour l'agriculture la préparation, la récolte et l'entretien du fumier de ferme. Les cultivateurs ne savent pas assez ou tout au moins se comportent trop souvent comme s'ils ignoraient de quelles ressources ils se privent volontairement, en ne prenant pas tous les soins possibles pour l'utilisation des excréments des animaux de la ferme. Ce sujet est capital, et j'y reviendrai plus tard en m'occupant du bétail.

IV

L'ACIDE PHOSPHORIQUE ET LA FUMURE DU SOL

Des divers engrais phosphatés. — Superphosphates, phosphate précipité, phosphates naturels en poudre. — Leur valeur agricole et leur valeur en argent. — Huit années d'expériences de culture sur les fumures phosphatées. — Conclusions pratiques.

Lorsque l'époque des semailles d'automne approche, les cultivateurs qui reconnaissent, avec nous, la nécessité d'accroître les rendements, afin de pouvoir lutter contre le bas prix des céréales, se préoccupent du choix des fumures complémentaires du fumier de ferme. Sollicités de tous côtés par les fabricants d'engrais minéraux, beaucoup d'entre eux sont embarrassés pour fixer leur choix. Quelques indications précises sur la nature des fumures minérales pour céréales pourront leur être utiles : je consacrerai ce chapitre à résumer l'état de nos connaissances expérimentales sur l'emploi et l'action des engrais phosphatés.

Une récolte de 25 quintaux de blé à l'hectare,

objectif réalisable dans de bonnes conditions de sol et de culture, enlève au sol, pailles comprises, environ 30 kilogr. d'acide phosphorique. Dans les sols de qualité moyenne, contenant 0,10 à 0,15 p. 100 de cette substance, l'addition de 250 à 300 kilogr. d'un engrais renfermant 14 à 15 p. 100 d'acide phosphorique suffit pour obtenir un rendement de 25 quintaux.

La question qui se pose pour le cultivateur résolu à faire cette avance au sol est la suivante : Quelle est la forme sous laquelle il est préférable d'introduire l'acide phosphorique dans le sol? Est-ce à l'état soluble dans l'eau (superphosphate), à l'état de phosphate précipité (insoluble dans l'eau et soluble dans le citrate d'ammoniaque), ou bien enfin à l'état de phosphate naturel insoluble, en poudre fine (coprolithes, phosphorite, etc.)? La valeur *argent* de ces différentes formes varie dans d'assez grandes limites, et, le point de vue économique devant toujours entrer en ligne de compte dans les opérations culturales, le point capital à résoudre est d'établir la valeur agricole relative de ces diverses matières fertilisantes. Quelques observations préalables sur le mode de nutrition des plantes en ce qui concerne l'acide phosphorique nous permettront d'aborder, avec plus de clarté, le rôle des différents engrais phosphatés que nous introduisons artificiellement dans le sol.

L'acide phosphorique existe toujours dans les sols non fumés (forêts, prairies, pâturages) à l'état complétement insoluble dans l'eau : phosphate tribasique de chaux, phosphate de fer, phosphate d'alumine. Malgré cette insolubilité, les végétaux, grâce à l'acidité des sucs intérieurs qui circulent dans leurs racines, assimilent l'acide phosphorique solide, en le dissolvant au travers de l'enveloppe de leurs radicelles.

Physiologiquement parlant, en dehors de toute théorie et de toute hypothèse, nous constatons donc que les phosphates insolubles du sol pénètrent dans le végétal et le nourrissent. Nous savons de plus que les phosphates en dissolution, mis en contact avec le sol, repassent promptement à l'état de combinaison insoluble, la chaux, le fer ou l'alumine les transformant rapidement en phosphates inattaquables par l'eau. Du rapprochement de ces deux ordres de faits : insolubilité des phosphates naturels du sol et retour rapide à cet état des phosphates solubles, peu après leur introduction dans le sol, résulte cette conséquence que les végétaux puisent dans la terre leurs matériaux phosphatés à l'état insoluble. Comment se fait-il, d'après cela, que l'on attribue si fréquemment encore une valeur supérieure au superphosphate, c'est-à-dire aux engrais phosphatés dont l'acide a été préalablement rendu soluble dans l'eau par l'action de l'acide sulfurique sur la matière première? Cette opinion est-elle fondée, absolument ou relativement? En d'autres termes, le cultivateur doit-il recourir au superphosphate de préférence aux phosphates insolubles, et consentir à payer deux ou trois fois plus cher l'acide phosphorique, suivant qu'il se trouve à tel ou tel état? — Deux mots d'abord sur les phosphates du commerce. Les engrais phosphatés, exempts d'azote, que l'industrie offre aujourd'hui à l'agriculture, peuvent tous se ranger dans l'une des trois catégories suivantes : 1° superphosphates; 2° phosphates précipités en bibasiques; 3° phosphates tribasiques ou phosphates naturels réduits en poudre.

Les superphosphates résultent du traitement des phosphates naturels ou du phosphate des os par l'acide sulfurique, qui met en liberté l'acide phosphorique et le rend soluble dans l'eau.

Les phosphates précipités consistent en phosphate de chaux rendu soluble, puis précipité, à l'aide d'un lait de chaux, à l'état de phosphate à deux équivalents de base, soluble lorsqu'il est récemment préparé et qu'il n'a pas desséché à trop haute température dans un réactif particulier, le citrate d'ammoniaque.

Enfin, les phosphates tribasiques ne sont autre chose que les phosphates naturels insolubles, réduits en poudre très fine par une action mécanique. L'intervention des acides, nécessaire pour l'obtention des deux premiers groupes de phosphates, en élève naturellement le prix de revient. Dans les superphosphates, le kilogramme d'acide phosphorique se paye aujourd'hui 60 à 70 centimes au minimum; dans les phosphates naturels, en poudre fine, il vaut 25 à 30 centimes seulement. Le phosphate intermédiaire (phosphate précipité) se vend sensiblement le même prix que le superphosphate d'égale richesse en acide phosphorique.

Quelle est la valeur agricole de ces trois phosphates? L'expérience directe pouvait seule répondre à cette question, dans laquelle se résume ce qu'il importe au cultivateur de savoir pour fixer son choix sur l'engrais le plus économique. Avant de faire connaître les résultats généraux des nombreux essais de culture qui ont résolu le problème, je présenterai quelques observations sur la valeur très différente attribuée, pendant longtemps, à l'acide phosphorique soluble dans l'eau et à l'acide phosphorique dit précipité. L'hypothèse gratuite d'une dissolution de principes nutritifs dans le sol, dissolution qui nourrirait les végétaux en pénétrant par les racines, avait fait considérer autrefois comme inactifs les engrais que l'eau ne pouvait dissoudre. De là, la fabrication des superphosphates, ayant pour objet de rendre soluble l'acide phosphorique et de le mettre, sous cette forme, à la disposition des végétaux [1].

1. On invoque dans presque tous les traités de chimie agricole la présence de l'acide carbonique dans l'eau qui imprègne plus ou moins le sol pour expliquer la solubilisation du phosphate de chaux et son absorption par les plantes. Je ne saurais me ranger en aucune façon à cette manière de voir : si l'acide carbonique du sol exerçait cette action dans la proportion où l'admettent les partisans de cette opinion, le phosphate de chaux serait entraîné plus ou moins profondément dans le sous-sol avec le carbonate de chaux. Or les choses ne se passent point ainsi : l'analyse des sols et des roches qui les produisent montre que, tandis que le calcaire est dissous par l'eau, les phosphates de la roche restent avec le résidu argileux et siliceux que laisse le lavage de la roche. Les expériences sur le pouvoir absorbant des sols nous apprennent d'autre part que l'acide phosphorique n'est point dissous par l'eau qui tombe sur la terre après qu'elle a fixé ce corps. Je revien-

Lorsque les phosphates dits *précipités* firent leur apparition sur le marché agricole, les partisans de l'hypothèse de la solution nutritive du sol leur attribuèrent, en raison de leur insolubilité, une valeur vénale bien inférieure à celle de l'acide phosphorique soluble. *A fortiori*, les fabricants de superphosphates s'efforcèrent-ils de faire entendre à leur clientèle que le phosphate précipité était très inférieur comme action à l'acide phosphorique rendu soluble. De là deux courants dans l'opinion des chimistes agricoles et des agriculteurs. En Allemagne, on adoptait presque partout une valeur-argent très différente pour les deux états de l'acide phosphorique; en France, la Station agronomique de l'Est, dès 1871, se fondant, d'une part, sur l'ensemble des faits naturels relatifs au mode de nutrition des végétaux à l'aide des matériaux insolubles du sol, de l'autre sur des expériences dont je parlerai plus loin, attribuant même valeur agricole aux deux formes d'acide phosphorique, les cotait au même prix. En Angleterre, l'éminent chimiste de la Société royale d'agriculture, le docteur Vœlcker, adoptait la même opinion, et, très peu de temps après, M. le docteur Petermann, directeur de la Station agricole de Gembloux (Belgique), émettait d'une manière formelle le même avis. Qui de nous, du docteur Vœlcker et du docteur Petermann, ou des chimistes allemands, avait raison? L'expérimentation directe l'a montré. Avec la sin-

drai sur cette importante question lorsque je m'occuperai de la formation de la terre arable.

cérité du véritable savant auquel la vérité seule sert de guide, les agronomes d'outre-Rhin reconnurent leur erreur et se rangèrent à l'opinion que nous soutenons depuis bientôt quinze ans, à savoir que l'action nutritive des superphosphates est très peu différente de celle des phosphates bibasiques, et même de celle des phosphates naturels finement pulvérisés.

Le champ d'expériences de la Station agronomique de l'Est a été consacré pendant huit années consécutives (1871-1878) à l'étude de l'influence de la forme des matières fertilisantes, de même nature, sur les rendements, et notamment à l'étude de l'action de l'acide phosphorique à ses divers états. Renvoyant mes lecteurs au compte rendu détaillé de ces essais [1], je me bornerai à en extraire les chiffres relatifs au rendement du blé dans des parcelles de cinq ares chacune, ayant reçu même dose d'azote, de potasse et d'acide phosphorique sous diverses formes, et à indiquer les conclusions générales de ces huit années d'expériences.

Les chiffres suivants me paraissent concluants :

	Quintaux.	
Blé sur superphosphate a donné.......	20,60	à l'hectare.
Blé sur phosphate précipité...........	20,40	—
Blé sur phosphate naturel en poudre...	20,20	—

1. Nos lecteurs trouveront dans le *Compte rendu du congrès international des directeurs des Stations agronomiques* un exposé à peu près complet de la question et le détail des expériences agricoles faites en vue d'élucider cette intéressante discussion. 1 vol. in-8°, 1881. Berger-Levrault et Cie, Paris.

La succession des récoltes des huit années sur le même champ, dans ces trois conditions de fumure, a été la suivante :

1871. — Pommes de terre (sur fumure).
1872. — Seigle en vert.
1873. — Colza (sur fumure).
1874. — Blé Galland.
1875. — Betteraves (sur fumure).
1876. — Orge chevalier.
1877. — Maïs géant (sur fumure).
1878. — Avoine des Salines.

Le rendement moyen, à l'hectare, pour cette période de huit années, a fourni les résultats suivants :

Engrais.	Poids de la récolte totale.
1. Phosphate précipité	12,581 kil.
2. Superphosphate	12,570
3. Phosphate naturel	12,097
4. Poudre d'os	10,386

Ces chiffres montrent, à l'évidence, que le phosphate précipité a donné des résultats au moins égaux, pendant cette période de huit ans, à ceux qu'a produits le superphosphate. Le phosphate naturel en poudre, qui vient ensuite, a fourni des rendements ne différant que de 3,9 p. 100 des résultats obtenus avec le superphosphate, tandis que la poudre d'os, toutes conditions égales d'ailleurs, a produit des récoltes dont le poids moyen à l'hectare est inférieur de 17 p. 100 au rendement du phosphate précipité. En effet, si l'on représente par 100 le rendement identique du phosphate précipité et du superphosphate, on trouve, pour les deux autres formes d'acide phosphorique, les taux moyens de rendement suivants :

Phosphate précipité et superphosphate..	12,580 =	100
Phosphate tribasique naturel...........	12,097 =	96,1
Poudre d'os..........................	10,386 =	82,5

Ainsi, dans une fumure complète (acide phosphorique, potasse, azote), ajoutée à un sol très pauvre en acide phosphorique (0,06 p. 100), on voit que : 1° le phosphate précipité a donné des récoltes égales pour l'ensemble de la rotation à celles qu'on obtient avec le superphosphate; 2° le phosphate tribasique a eu une valeur fertilisante de 4 p. 100, à peine, inférieure à celle du superphosphate et du phosphate précipité; 3° la poudre d'os, dont la matière organique se décompose très lentement dans le sol, vient au dernier rang, avec une valeur fertilisante comparative de 82,5 p. 100 seulement, soit avec une infériorité de 17,5 p. 100.

Les expériences de M. Petermann en Belgique, celles de MM. Dünkelberg, Albert, Wagner et Mœrcker en Allemagne, celles de Vœlcker et Jamieson en Angleterre, ont conduit aux mêmes résultats [1]. La question peut être considérée comme résolue. Dans les engrais phosphatés, l'acide phosphorique soluble dans l'eau et l'acide phosphorique précipité ont même valeur agricole et, partant, doivent être payés

1. Voir le résumé de ces expériences : *Compte rendu du congrès international des directeurs des stations*, p. 33 et suivantes.

au même prix. Les phosphates naturels en poudre ont une valeur agricole de 5 p. 100 au plus inférieure à celle des deux autres; mais, comme leur prix commercial est beaucoup plus bas, je suis d'avis qu'il faut leur donner la préférence dans un très grand nombre de cas, et notamment dans les sols riches en matières organiques [1] et dans les terres pauvres en calcaire.

L'association des phosphates naturels au fumier de ferme, à la dose de un kilogramme environ, par tête de bétail et par jour, est une excellente pratique; le mélange se fait intimement par l'épandage du phosphate sur la litière, et l'on enrichit ainsi le fumier de l'un des principes les plus importants pour la végétation.

Le phosphate tribasique coûtant environ trois fois moins que le superphosphate et que le phosphate précipité, on peut, sans plus grande dépense, l'employer à dose triple, et c'est, à mon avis, le mode le plus rationnel et le plus économique de fumure phosphatée. Les phosphates naturels ayant un titre assez variable en acide phosphorique (14 à 30 p. 100), il faut

1. La dissémination physique de l'acide phosphorique peut s'obtenir peut-être un peu plus complètement par l'emploi de superphosphates, la pluie pouvant aider à leur diffusion dans le sol. C'est la seule supériorité qu'on puisse reconnaître à cet engrais sur les phosphates finement moulus, mais elle ne doit pas se payer au prix d'une dépense double ou triple pour la même quantité d'acide phosphorique introduite dans le sol. Quant au sulfate de chaux (plâtre) qui entre pour une part importante dans les superphosphates, si l'on juge son effet utile, il est plus simple et beaucoup moins onéreux de l'acheter séparément.

toujours les acheter sur titre garanti et proportionner la quantité à employer à leur richesse. — 500 kilogr. à 800 kilogr. de phosphate naturel en poudre par hectare constituent une bonne fumure phosphatée pour blé, qui laissera dans le sol, après la récolte du froment, une réserve importante en acide phosphorique pour les cultures qui suivront. La première condition pour obtenir de hauts rendements en blé est de faire à la terre les avances nécessaires en principes fertilisants, on ne saurait trop le répéter.

200 à 250 kilogr. de nitrate de soude épandus en couverture sur le blé au printemps compléteront la fumure nécessaire pour obtenir, dans des conditions météorologiques favorables, un rendement de 20 à 25 quintaux, avec une bonne semence.

V

ROLE DE L'ACIDE PHOSPHORIQUE ET DE LA POTASSE DANS LA NUTRITION DE LA PLANTE

Du rôle physiologique de l'acide phosphorique et de la potasse dans la production végétale. — Formation de l'amidon. — Accord de l'expérimentation scientifique et de la pratique agricole dans l'emploi des engrais potassiques.

Dans les précédents chapitres, nous avons examiné succinctement les principales formes sous lesquelles, en dehors du fumier de ferme, l'acide phosphorique peut être économiquement offert aux plantes, lorsqu'il fait défaut dans le sol. Ce corps, nous l'avons vu, n'est pas le seul dont le cultivateur ait à se préoccuper, au point de vue de la restitution à la terre des substances qu'en exportent les récoltes et notamment les céréales. Si incomplètes que soient encore nos connaissances en ce qui concerne le rôle physiologique des éléments chimiques que le végétal puise dans le sol et la part que chacun d'eux prend au développement des tissus de la plante, du moins en savons-nous assez pour résoudre pratiquement, dans presque tous les cas, le problème, important entre tous pour le cultivateur, du choix des fumures complémentaires.

L'analyse chimique des végétaux nous a appris que les combinaisons nombreuses et complexes dont l'ensemble constitue leurs tissus sont des groupements variés d'un nombre de corps simples très restreint, relativement à celui des éléments connus. Si l'on ajoute aux éléments de l'atmosphère, azote, oxygène, vapeur d'eau et acide carbonique, quelques substances que la chaleur ne détruit point et qu'on désigne sous le nom de *cendres*, on arrive à constater, nous l'avons dit précédemment, qu'une plante est formée de quinze à seize corps simples sur soixante-cinq aujourd'hui connus. Encore faut-il ajouter que quelques-uns des corps dont l'analyse révèle la présence dans les cendres doivent être considérés comme accidentels, la plante pouvant s'en passer pour arriver à son développement parfait et se reproduire. Les acides phosphorique, sulfurique et azotique, la potasse, la chaux, la magnésie et l'oxyde de de fer, parmi les bases, complètent, avec les gaz de l'air, les matériaux indispensables à la vie du végétal.

Si nous soumettons à l'analyse les cendres du grain de blé et celles de la paille, nous arrivons aux chiffres suivants, qui représentent leur composition moyenne et nous indiquent les quantités de chacune des substances que la récolte de cette céréale emprunte au sol.

Des analyses que MM. Lawes et Gilbert ont faites

de toutes leurs récoltes de blé (grain et paille) en sol fumé au fumier de ferme, on déduit les données moyennes suivantes en nombres ronds : 100 kilogr. de blé laissent 2 kilogr. de cendres, et 100 kilogr. de paille de froment 6 kilogr. 490. Ces cendres présentent la composition suivante :

	Grain. p. 100.	Paille. kil.
Potasse	31,95	19,74
Soude	0,19	0,13
Chaux	2,54	4,10
Magnésie	10,95	1,36
Oxyde de fer	0,49	0,37
Acide phosphorique	52,49	3,38
Acide sulfurique	0,72	3,16
Silice	0,66	65,14
Chlore	0,01	3,38
	100,00	100,76
A déduire oxygène correspondant au chlore.		0,76
		100,00

De ces neuf éléments, deux ont une importance prépondérante : la potasse et l'acide phosphorique, et l'on voit tout de suite qu'un sol à blé doit en être pourvu abondamment pour conserver sa fertilité.

Il ne sera peut-être pas sans intérêt, pour un certain nombre de nos lecteurs, de rappeler ici ce que nous savons sur les causes de l'accumulation de la potasse et de l'acide phosphorique dans les graines en général et dans celles des céréales en particulier. En cherchant à expliquer le rôle de ces deux corps, nous mettrons une fois de plus en évidence la nécessité, pour le cultivateur, de faire au sol les avances nécessaires pour en obtenir de meilleurs rendements.

La formation de la semence, en vue de la perpétuation de l'espèce, est le but ultime que la nature assigne au végétal; la constitution chimique de la graine est telle qu'elle peut suffire à l'alimentation du jeune être auquel celle-ci va donner naissance, jusqu'à ce que le développement de la racine et des premières feuilles lui permette de tirer sa nourriture de l'atmosphère et du sol. Deux ordres de composés chimiques bien distincts constituent la graine : les matériaux azotés (albumine et fibrine végétales), les matériaux exempts d'azote et riches en carbone et en hydrogène (amidon, sucre, ou matière grasse, suivant les espèces).

Pendant la germination, ces matériaux s'oxydent aux dépens de l'air, et, avec le concours d'une température et d'une humidité suffisantes, les matières azotées, l'amidon ou ses congénères forment les premiers tissus du nouvel être sorti de la graine. Suivant toute probabilité, l'amidon, le sucre et la matière grasse qui se brûlent entièrement dans cette période de la vie de la plante fournissent une partie de la chaleur nécessaire à la formation des jeunes tissus dont la matière azotée est le point de départ indispensable. Examinons maintenant les rapports qui existent entre la potasse et l'acide phosphorique et les matériaux hydrocarbonés et azotés de la graine.

Les analyses, aujourd'hui très nombreuses, que

nous possédons des principes immédiats azotés des êtres vivants (gluten, albumine, légumine, fibrine, caséine) montrent que, quelle que soit leur origine, qu'ils proviennent d'une plante ou d'un animal, leur composition chimique demeure très voisine. Toutes les matières qu'on désigne sous le nom d'*albuminoïdes*, en raison de leurs analogies avec l'albumine, sont constituées par des proportions presque identiques d'azote (15 à 18 p. 100), de carbone et d'hydrogène; de plus, le soufre et le *phosphore* sont constamment associés à l'azote dans ces composés organiques : jamais ils n'y font défaut, et nous sommes autorisés à conclure à la nécessité de leur présence dans les milieux où ces composés prennent naissance, qu'il s'agisse d'un animal ou d'une plante. Par là s'explique l'accumulation de l'acide phosphorique dans les semences et, en général, dans tous les organes jeunes ou destinés au développement du végétal, tels que racines, bourgeons, jeunes pousses, etc. L'accroissement du végétal se trouve donc intimement lié à la présence de l'azote et de l'acide phosphorique, sous des formes assimilables, dans le milieu où la plante va chercher son alimentation. Comme le sol en général ne renferme pas, après une succession de récoltes, en quantité suffisante, l'azote et l'acide phosphorique nécessaires à la formation des végétaux, il y a nécessité absolue pour le cultivateur de restituer ces aliments au sol, s'il ne veut pas voir diminuer les rendements et si, surtout, il désire les accroître.

S'agit-il de végétation spontanée, de celle des forêts,

par exemple, l'exportation, par l'enlèvement de la récolte, est beaucoup moins considérable que dans le cas des terres cultivées; ce qui rend compte du maintien de la fertilité des sols forestiers, en l'absence de toute fumure.

Deux causes principales expliquent ce fait, en apparence opposé à ce que nous enseigne la pratique agricole. En premier lieu, la végétation forestière est beaucoup moins exigeante en principes minéraux que la plupart de nos végétaux cultivés. Deuxièmement, il se produit en forêt une restitution permanente d'une part importante des substances puisées dans le sol par les arbres. En effet, la presque totalité des graines tombe sur le sol et n'est pas enlevée; il en est de même des feuilles et des brindilles, de sorte que l'exportation des matières minérales se borne aux faibles quantités de cendres que renferme le bois proprement dit, les graines et les feuilles étant précisément les organes les plus riches en cendres. Il se produit, en outre, avant la chute des feuilles, un phénomène extrêmement important au point de vue du maintien de la fertilité des sols couverts de forêts. Depuis leur apparition jusqu'à leur maturation, les feuilles des feuillus et les aiguilles des résineux assimilent et fixent, pour leur développement, des quantités croissantes de matière minérale et, notamment, d'acide phosphorique et de potasse. Peu avant leur chute, une partie très notable de ces dernières substances rétrograde de la feuille dans le tissu de la branche qui la porte et va constituer une réserve pour la pousse de l'année suivante : il résulte de ce fait, hors de conteste aujourd'hui, que la perte du végétal en ces matériaux précieux se borne à peu de chose et se réduit à rien, si l'on n'enlève pas les feuilles tombées sur le sol [1].

Dans nos cultures, il en est tout autrement, puisque nous enlevons, en général, plus des deux tiers de la récolte, quand nous n'enlevons pas le tout, comme dans le cas des plantes racines (pommes de terre, betteraves, etc.).

Le rôle fondamental de l'acide phosphorique paraît être, dans la végétation, d'après ce que je viens de dire, de concourir à la formation des substances albuminoïdes, du gluten dans le cas du blé.

Jetons maintenant un coup d'œil rapide sur l'action physiologique de la potasse. L'amidon est, avec la matière albuminoïde que les physiologistes appellent le *protoplasma*, le point de départ de tout développement du végétal. Sous l'influence de la lumière, les parties vertes des végétaux et plus spécialement les feuilles fixent le carbone de l'acide carbonique de l'air et, l'associant aux éléments de l'eau (oxygène et hydrogène), fabriquent l'amidon que des transformations ultérieures font passer à l'état de sucre et modifient diversement, pour l'accumuler définitivement dans certains organes formant la partie alimentaire de la plante, graines des céréales, tiges souterraines, tubercules des pommes de terre, etc. Des recherches

1. Voir *Annales de la Station agronomique de l'Est*, in-8°, 1878. Berger-Levrault et Cie.

extrêmement intéressantes de Nobbe, Erdmann et Schröder ont jeté un grand jour sur le rôle indispensable de la potasse dans la formation de l'amidon et, partant, de ses congénères, sucre, etc. Nobbe et ses collaborateurs ont établi, par des expériences directes, un certain nombre de faits du plus haut intérêt pour la physiologie végétale et dont les conséquences n'importent pas moins à la pratique agricole.

Voici, dans leurs traits essentiels, les faits mis en lumière par ces remarquables études, en ce qui concerne le point spécial qui nous occupe. Lorsqu'on donne à une plante tous les éléments minéraux nécessaires à son alimentation, sauf la potasse, si la plante est au début de son existence, son développement est absolument nul ; dès que les premières feuilles ont absorbé la réserve alimentaire de la graine, elles ne s'accroissent plus, se flétrissent, et la plante meurt. Si l'on prend pour sujet d'expérience une plante déjà grande et bien développée, et si on la place dans un milieu nutritif exempt de potasse, la végétation s'arrête, le végétal dépérit promptement et, si l'essai se prolonge, ne tarde pas également à mourir. Vient-on, à temps, à ajouter de la potasse aux autres aliments mis à la disposition de la plante, on la voit se rétablir très promptement et continuer à vivre et à se développer. Aucune autre base ne peut remplacer la potasse [1], pas même la

1. Voir pour plus de détails : L. Grandeau, *Chimie et Physiologie appliquées à l'agriculture*. 1 volume in-8°, 1879. Berger-Levrault et Cie, Paris.

soude, qui présente avec elle tant d'analogies chimiques.

Tels sont les faits observés et des plus faciles à vérifier, mais à la constatation desquels le savant professeur de Tharand n'a pas borné ses études : il les a expliqués à l'aide d'observations dont la précision et la netteté ne laissent rien à désirer. Il a constaté que la présence de la potasse est une condition *sine qua non* de la formation de l'amidon dans la feuille par la transformation de la chlorophylle : dès que cette base vient à manquer, l'amidon cesse de se produire; quand on restitue la potasse absente, l'amidon recommence à se former pour cesser à nouveau de se produire, si l'on supprime la potasse. L'addition de soude ou d'une base alcaline autre est sans effet et ne saurait, comme je le disais tout à l'heure, remplacer la potasse.

Les applications de ces phénomènes physiologiques sont des plus faciles à déduire, et les faits constatés dans la pratique agricole et demeurés longtemps sans explication reçoivent une interprétation toute naturelle : les végétaux qui produisent de grandes quantités d'amidon ou de sucre, ce qui est tout un (l'un se transformant en l'autre dans les tissus de la plante), tels que les céréales, les pommes de terre, les betteraves, la canne à sucre, la vigne, ne prospèrent que dans des sols riches en potasse; l'effet des engrais potassiques appliqués pour ces récoltes à des sols pauvres en cet alcali s'explique de la même manière.

La méconnaissance des exigences spéciales des

végétaux devait entraîner des déboires considérables pour le cultivateur. En ce qui concerne le rôle de la potasse, l'expérience s'est malheureusement faite en grand; les planteurs de betteraves en Europe et les propriétaires des cultures de canne à sucre dans les colonies en ont acquis la preuve à leurs dépens.

Le sol, appauvri en potasse et en phosphates par des cultures non interrompues de betteraves ou de canne, sans restitution à l'aide d'engrais, a fini par refuser des récoltes rémunératrices : dans le Magdebourg, notamment, les rendements étaient tombés, il y a une vingtaine d'années, à des taux désastreux. La découverte des mines de sels de potasse de Stassfurt et l'application de ces sels aux sols à betteraves ont sauvé la culture betteravière de cette région. La physiologie, la chimie et la pratique agricole sont donc unanimes aujourd'hui à proclamer la nécessité de la restitution de la potasse au sol pour l'obtention de rendements élevés.

VI

LES ENGRAIS COMMERCIAUX

Des diverses formes de combinaisons azotées, phosphatées et potassiques à appliquer comme engrais. — Engrais azotés. — Engrais phosphatés. — Sels de potasse. — Sels de Stassfurt. — Salins du Midi. — Guano du Pérou. — Engrais mixtes. — De la valeur en argent des principes fertilisants. — Comment on peut l'établir. — Limites dans lesquelles elle varie. — Valeur comparée des matières premières et des engrais mélangés. — Influence des syndicats agricoles sur les prix des engrais achetés par le cultivateur.

Après avoir résumé à grands traits, dans les chapitres précédents, les conditions générales de la nutrition des plantes et le rôle de l'azote, de l'acide phosphorique et de la potasse dans la végétation, nous allons aborder l'examen des conditions d'emploi des engrais minéraux. Nous consacrerons ce chapitre à la discussion des deux questions suivantes, d'un grand intérêt au point de vue pratique :

1° Quelles sont les formes sous lesquelles il est préférable d'appliquer au sol les matières fertilisantes?

2° Quelle est la valeur vénale des principes actifs des engrais du commerce?

Il est évident, pour tout esprit réfléchi, que la première question ne comporte pas de réponse *absolue :* elle peut faire l'objet d'indications générales, applicables dans le plus grand nombre des cas, subordonnées, pour d'autres, aux conditions locales résultant du climat, de la nature chimique du sol, de ses propriétés physiques et des récoltes auxquelles doivent s'appliquer les engrais. L'analyse du sol devrait toujours précéder les expériences de fumures. Sans indiquer d'une manière absolue le degré de fertilité d'une terre, le dosage des principales substances nutritives qu'elle renferme, chaux, magnésie, potasse, acide phosphorique et azote, fournit des indications précieuses pour le choix des engrais. Quant aux propriétés physiques du sol, que la détermination de sa teneur en argile, sable, calcaire et matières organiques fait connaître d'une façon suffisante dans le plus grand nombre des cas, c'est par des opérations spéciales, drainage, irrigation, labours profonds, roulages, etc., qu'on y peut remédier. Il va de soi que les circonstances locales modifieront le traitement à faire subir au sol et par conséquent la fumure à lui donner.

En ce qui concerne le choix des engrais, suivant la nature des récoltes à produire, nous pouvons aujourd'hui fournir des indications assez précises, grâce aux nombreuses analyses de récoltes et aux expériences culturales bien conduites dont nous possédons les résultats. Aussi nous proposons-nous, lorsque nous aurons examiné les questions relatives à la valeur des fumures artificielles, d'aborder successivement l'examen des exigences des principales récoltes en principes minéraux et de faire connaître les résultats acquis relativement à la nature et à la quantité des matières fertilisantes qu'il convient de leur appliquer.

Des différentes formes des aliments des plantes. — L'air fournit aux végétaux, sous forme d'acide carbonique, tout leur carbone; à l'état d'ammoniaque, une partie notable de leur azote : les éléments des cendres, plus une partie de l'azote, sont exclusivement empruntés au sol. La potasse, l'acide phosphorique et les composés azotés connus sous le nom d'ammoniaque et d'acide nitrique, tels sont les aliments des végétaux que les fumures doivent mettre à leur disposition. De là trois groupes d'engrais que nous allons rapidement passer en revue : 1° engrais azotés; 2° engrais phosphatés; 3° engrais potassiques. J'insisterai à nouveau sur l'avantage considérable qu'il y a, au point de vue pécuniaire, à acheter des engrais simples et à les mélanger à la ferme : quelques exemples donnés plus loin à propos de la valeur vénale des engrais confirmeront cette manière de voir.

A. *Engrais azotés.* — Rappelons encore une fois que des expériences nombreuses et très bien conduites ont établi, d'une manière irréfutable, l'inaptitude des végétaux à emprunter leur azote à des sources autres que l'ammoniaque et l'acide nitrique, c'est-à-dire à des sources minérales. Les composés organiques azotés dont nous allons parler ne pourront donc fournir d'azote utilisable pour les plantes qu'après leur transformation en sels ammoniacaux ou en nitrates dans le sol.

En dehors du fumier de ferme, le sang desséché, les os, les déchets de laine, de corne et de cuir forment le premier groupe des engrais azotés : leur action, comme source d'azote pour les plantes, sera donc d'autant plus lente que leur transformation en ammoniaque et en acide nitrique le sera elle-même : cette lenteur est d'ailleurs une des conditions qui leur font donner la préférence, pour certaines cultures, sur les engrais ammoniacaux ou nitriques. Pour les cultures arbustives, la vigne, l'olivier, les arbres fruitiers, on se trouve généralement bien des fumures de cette catégorie. La durée nécessaire à la décomposition de ces engrais, que j'ai classés, à dessein, dans l'ordre croissant de leur résistance à la nitrification, variera avec la nature physique des sols; les terres fortes, argileuses, humides s'opposeront bien plus longtemps à leur décomposition que les terres siliceuses, légères, sèches. Il est impossible de fixer, *a priori*, la durée d'action de ces matières dans le sol. M. J. Lawes estime que l'engrais par excellence, le fumier de ferme, exige de dix à vingt ans suivant les sols, avant que son effet complet ait été produit.

Si, laissant de côté pour l'instant le fumier de

ferme, nous nous occupons seulement des engrais commerciaux, nous assignerons aux engrais azotés simples, à azote organique, le rang suivant, d'après leur teneur en azote, qui est la seule base de leur valeur vénale :

Corne broyée..................	13 à 15	p. 100 d'azote
Sang desséché moulu..........	11 à 13	—
Viande desséchée..............	9 à 11	—
Cuir désagrégé................	8 à 9	—
Laine (déchets)................	3 à 5	—

Les os contenant, outre l'azote, beaucoup d'acide phosphorique, nous en parlerons plus loin. Les matières premières azotées que je viens d'énumérer s'emploieront dans tous les cas où l'on voudra mettre à la disposition des plantes une alimentation azotée lente à produire ses effets. Si on les destine à des cultures exigeantes en azote, il faudra les incorporer au sol longtemps avant les semailles, afin qu'elles aient le temps de se transformer, partiellement au moins, en nitrates.

Le sulfate d'ammoniaque, le nitrate de soude et le nitrate de potasse sont les trois formes principales sous lesquelles on peut offrir aux végétaux de l'azote immédiatement assimilable. L'ammoniaque est absorbée chimiquement par le sol, c'est-à-dire qu'elle est fixée par lui de manière à n'être pas entraînée par les eaux. Il n'en est pas de même des nitrates; leur acide n'est pas fixé dans le sol, une grande partie peut être entraînée par les eaux dans le sous-sol et échapper ainsi à l'action des racines. Aussi doit-on, de préférence, employer ces derniers engrais quand les plantes ont déjà un certain degré d'activité végétative : leur épandage, en couverture, vers le mois de mars ou d'avril, pour les céréales, permet d'éviter en grande partie cette déperdition. Le sulfate d'ammoniaque contient 20 p. 100 d'azote, le nitrate de soude 15 à 16 p. 100, le nitrate de potasse 12 à 13 p. 100; ce dernier apporte en outre au sol 47 p. 100 de son poids de potasse.

Le sulfate d'ammoniaque vient de deux sources principales : les eaux d'épuration des usines à gaz; la concentration et la distillation sur la chaux des eaux vannes et des vidanges. Nous avons vu précédemment l'origine du nitre. Quant au nitrate de potasse, obtenu par double décomposition, à l'aide du nitre et du chlorure de potassium, son prix est trop élevé pour qu'il entre sérieusement en ligne de compte dans l'emploi agricole.

B. *Engrais phosphatés.* — Je me suis étendu assez longuement sur l'emploi des phosphates dans les précédents chapitres pour n'avoir plus à y revenir pour l'instant. Les phosphates naturels en poudre impalpable, le noir de raffinerie, le phosphate précipité et le superphosphate sont les sources principales d'acide phosphorique sur la valeur agricole desquelles mes lecteurs doivent être fixés par nos précédentes discussions. Leur teneur en acide phosphorique varie de 20 à 40 p. 100 suivant leur provenance. Nous verrons plus loin le parti que l'agriculteur peut tirer d'une nouvelle source de phosphate :

les scories de déphosphoration de la fonte par le procédé Thomas-Gilchrist.

C. *Engrais potassiques.* — Avant la découverte du gisement de sels de potasse de Stassfurt, près de Halle (Prusse), et l'installation, en 1861, par l'initiative du docteur Frank, de la première fabrique d'engrais potassiques sur le carreau de cette mine [1], les seules sources de potasse auxquelles l'agriculture pouvait avoir recours étaient les cendres des végétaux et les sels extraits de la mer par le procédé Balard. La potasse d'Amérique et de Russie (cendres de végétaux forestiers) et les salins de betteraves (résidus de la distillation des mélasses) n'offraient qu'une source très limitée de potasse et la livraient à un prix trop élevé pour que l'agriculture pût songer

1. Le gisement de sels potassiques et magnésiens de Stassfurt consiste en une couche de 80 à 100 mètres d'épaisseur située entre 300 et 400 mètres de profondeur sur une étendue considérable qui n'a pu encore être déterminée.

L'exploitation est faite actuellement par six sociétés syndiquées comprenant 34 usines. Les sels bruts de Stassfurt contiennent de 9 à 12 p. 100 de potasse combinés à l'acide sulfurique ou au chlore, associés à la magnésie. Des lavages méthodiques et des concentrations des dissolutions permettent de livrer isolément les divers sels dont nous allons parler. Quelques chiffres donneront l'idée de l'importance de la production des sels de potasse et de magnésie, en Allemagne. Pendant l'année 1883, la production s'est élevée aux chiffres suivants :

	Production en tonnes métriques.	Valeur en francs.
Chlorure de potassium....	147 495 990	24 582 126
Chlorure de magnésium....	19 259 033	395 217
Sulfate de potasse........	16 201 290	3 499 082
Sulfate de potasse et de magnésie..................	13 037 252	870 800
Sulfate demagnésie......	19 590 793	159 526

à l'employer en grand. La découverte du gisement de Stassfurt pour la région du nord de l'Europe, l'application des procédés Balard à l'extraction de la potasse des eaux mères des marais salants pour le sud, sont venues à point pour permettre à l'agriculture de restituer au sol la base précieuse que la culture de la betterave réclame tout particulièrement. Vers 1860 l'épuisement en potasse des sols du Magdebourg, presque entièrement cultivés en betteraves sucrières, avait atteint une limite très inquiétante pour les producteurs de sucre. Aussi Liebig félicitait-il, dans les termes suivants, le docteur Frank, promoteur de la nouvelle industrie, dans une lettre datée de février 1865 :

« La découverte du gisement de sels potassiques à Stassfurt est un bonheur providentiel pour nos agriculteurs et pour nos cultivateurs de betteraves en particulier. Si les cultivateurs français ne suivent pas leur exemple, dans une génération d'hommes il ne sera plus question de sucreries de betteraves en France. L'agriculture vous doit de la reconnaissance pour avoir fabriqué à bon marché cet engrais si important et en avoir propagé l'emploi. »

L'initiative du docteur Frank a porté ses fruits : de grandes et très nombreuses usines se sont installées à Stassfurt, d'où s'expédient aujourd'hui dans le monde entier des quantités colossales de sels de potasse, à un bon marché que n'eût jamais pu atteindre l'extraction de la potasse des cendres des végétaux.

La potasse, comme je l'ai dit, se trouve naturellement associée, dans le gisement de Stassfurt, à l'acide sulfurique, au chlore et à la magnésie et mélangée à des quantités variables de sel marin.

Le tableau suivant indique la composition des différents engrais que livre Stassfurt à l'agriculture, leur prix et celui du kilogramme de potasse dans chacun d'eux. Ces prix sont établis pour les sels livrés en gare de Stassfurt : le transport, par wagon de 10 000 kilogr., coûte de Stassfurt à Paris (gare de la Villette) 33 fr. 50 par 1 000 kilogr. Tous ces sels sont vendus avec garantie de titre en potasse pure :

DÉSIGNATION DES ENGRAIS	POTASSE GARANTIE	SULFATE DE POTASSE	CHLORURE DE POTASSIUM	SULFATE DE MAGNÉSIE	SEL MARIN	PRIX DES 100 KIL. DE SELS	PRIX DU KIL. DE POTASSE
	p. 100.	p. 100.	p. 100.	p. 100.	p. 100.	fr. c.	fr. c.
1. Sulfate brut de potasse...........	9 à 12	8 à 12	6 à 11	15 à 20	35 à 55	3.12	0.35
2. Sulfate de magnésie et de potasse..	15 à 18	28 à 33	»	21 à 25	25 à 40	5.50	0.38
3. Kainite brute....	12 à 13	22 à 24	»	16 à 18	30 à 40	2.50	0.21
4. Grugite.........	10 à 12	18 à 21	»	10 à 12	10 à 12	1.75	0.18
5. Engrais potassique concentré.....	25	22	22	10 à 20	20 à 35	11.88	0.47
6. Id. 3 fois concentré..............	30 à 33	»	50 à 55	5 à 10	25 à 40	15.12	0.31
7. Id. 5 fois concentré..............	50 à 53	»	80 à 85	»	10 à 20	18.75	0.375
8. Sulfate de potasse nº 1.............	50 à 52	90 à 95	»	»	1 à 4	27.50	0.55
9. Sulfate de potasse nº 2.............	38	70	»	5 à 10	2 à 8	21.25	0.56
10. Sulfate de potasse et magnésie purifié............	26 à 28	50 à 52	»	32 à 36	2 à 6	15.12	0.50
11. Sulfate de magnésie brut.......	0.3	0 à 5	»	environ 60	»	2.50	»
12. Sulfate de magnésie purifié et calciné.............	»	»	»	environ 80	»	4.37	»
13. Déchets de sels de Stassfurt.......	3 à 5	6 à 9	»	45 à 53	35 à 40	0.75	»

La kaïnite brute, les chlorures trois et cinq fois concentrés et le sulfate de potasse et de magnésie (n° 10) sont, de ces treize variétés d'engrais potassiques, les seules qui, à raison de l'éloignement du gisement et par suite de leur richesse, puissent être économiquement employées par l'agriculture française.

La constitution de ces mélanges de sels de potasse et de magnésie appelle deux observations : la première est leur teneur assez forte en sel marin. Introduits dans le sol à la dose de 200 à 300 kilogrammes, les sels de Stassfurt y amènent une quantité de sel marin qui ne peut présenter que des avantages, d'après les résultats de nombreuses expériences culturales et notamment celles du docteur Vœlcker en Angleterre. La seconde observation est relative au danger du chlorure de magnésium pour la végétation. Quand au début on fit les premiers essais de fumure avec les sels de Stassfurt, on obtint des résultats absolument défavorables. Le docteur Frank ne tarda pas à découvrir la cause des insuccès : elle tenait à la présence du chlorure de magnésium [1] dans les produits bruts livrés à l'agriculture. La destruction de ce chlorure par la chaleur ou son éloignement par des épurations méthodiques firent disparaître complètement ce poison des végétaux, et dès lors l'emploi des sels de Stassfurt prit un essor qui va toujours croissant. Un agriculteur m'a demandé récemment si l'on peut

1. Le chlorure de magnésium est vénéneux pour les plantes : en calcinant le sel, on chasse l'acide chlorhydrique et la magnésie reste.

employer, sans crainte d'accidents, l'engrais alcalin brut des Salins du Midi, coûtant, en gare de Berre, 4 fr. 40 les 100 kilogr., sacs perdus, et présentant la composition moyenne suivante :

Sulfate de potasse	18,1
Sulfate de magnésie	19,8
Chlorure de magnésium	14,0
Chlorure de sodium	20,7
Eau	26,6
Matières insolubles	0,8
Total	100,0

La réponse à sa question est dans ce qui précède : le mélange au sujet duquel j'étais consulté est dangereux pour la végétation, en raison de sa forte teneur en chlorure de magnésium. Il faudrait le porter à la température rouge avant de l'employer, pour décomposer le sel magnésien en acide chlorhydrique et en magnésie.

Le chlorure de potassium est employé de préférence pour la culture des betteraves, des pommes de terre et quelquefois des céréales, dans les sols calcaires notamment, généralement assez riches en magnésie. Le sulfate double de potasse et de magnésie est particulièrement favorable à la végétation des prairies. L'emploi des sels de potasse (chlorures et sulfates) donne les meilleurs résultats dans les sols acides et tourbeux. C'est l'agent de transformation par excellence des sols humiques en sols fertiles, surtout avec addition de phosphates minéraux.

Engrais mixtes. — Sous cette rubrique, nous rangerons les matières qui doivent leurs propriétés fertilisantes à deux au moins des trois principes nutritifs par excellence, phosphore, potasse et azote. A cette catégorie appartiennent : la poudre d'os, la poudrette et les guanos bruts. La poudre d'os contient, en moyenne, 3,8 p. 100 d'azote et 23 p. 100 d'acide phosphorique ; plus elle est fine, meilleure elle est, en raison de sa plus grande dissémination dans le sol et de sa transformation plus prompte. Son azote n'agissant sur la végétation qu'après s'être transformé en nitrate, l'action de la poudre d'os est lente et ne se fait sentir complètement qu'au bout de plusieurs années.

La poudrette doit renfermer en moyenne, quand elle est bien fabriquée, 1,9 p. 100 d'azote et 2,8 p. 100 d'acide phosphorique. Son action est prompte. Elle convient très bien aux sols pauvres en matières organiques et donne d'excellents résultats à la dose de 800 à 1000 kilogr. à l'hectare, au moment du labour qui précède les semailles.

Les guanos du Pérou et du Chili ont depuis longtemps fait leurs preuves. Ce sont d'excellents engrais; malheureusement, les gisements de guanos riches en azote (ils titraient autrefois 12 à 14 p. 100 d'azote très assimilable) sont épuisés. Le guano qui nous arrive aujourd'hui ne contient plus que de 3 à 8 p. 100 d'azote au maximum et de 13 à 23 p. 100 d'acide phosphorique. Tant que les consignataires du guano se sont refusés à vendre sur titre, c'est-à-dire avec garantie d'une teneur déterminée, par l'analyse, en azote et en acide phosphorique, nous avons énergiquement déconseillé l'emploi du guano aux cultivateurs. La raison en est bien simple. Il y a quelques années, les dépositaires de guano avaient la prétention de vendre ce produit sans aucune garantie de dosage; or les chargements qui arrivaient en France présentaient des écarts de l'ordre suivant :

Azote p. 100...	4,45	Acide phosphorique p. 100...	5,22
Azote p. 100...	13,38	Acide phosphorique p. 100...	9,30

Ces deux sortes étaient vendues le même prix, et le cultivateur, ne pouvant se rendre compte à l'avance du titrage du produit acheté, ne s'apercevait du préjudice qui lui était porté qu'à la récolte.

La *Compagnie commerciale française*, devenue, l'année dernière, consignataire des guanos du Pérou pour le gouvernement du Chili, a accepté le principe de la vente sur titre et garantit une richesse déterminée en azote et en acide phosphorique dans les guanos importés directement; le cultivateur n'a plus à examiner qu'une chose : la plus-value qu'il doit accorder à l'azote et à l'acide phosphorique contenus dans le guano, en raison de l'accroissement des rendements obtenus avec cet engrais. Nous allons revenir à cette question dans un instant.

Les analyses faites à la Station agronomique de l'Est de huit échantillons moyens de guanos importés en 1885 par la *Compagnie commerciale française* m'ont donné les résultats suivants, qui montrent combien il est nécessaire et équitable d'établir le prix de vente du guano d'après sa richesse si variable en azote et en acide phosphorique.

SUBSTANCES DOSÉES	PROVENANCE DES GUANOS							
	I HUANILLOS	II HUANILLOS	III HUANILLOS	IV HUANILLOS	V LOBOS	VI LOBOS	VII PABELLON DE PICA	VIII PABELLON DE PICA
	p. 100.	p. 100.	p. 100.	p. 100.	p. 100	p. 100.	p. 100.	p. 100.
Eau.........	13.93	12.02	12.73	14.09	8.54	14.56	9.74	13.44
Azote ammoniacal.......	3.97	3.39	1.93	3.00	1.39	1.84	5.08	5.43
Azote organique.........	1.49	0.36	1.36	1.08	1.40	0.60	1.86	1.32
Azote total...	5.46	3.75	3.34	4.08	2.79	2.44	7.84	6.75
Acide phosphorique soluble........	6.42	5.18	4.61	4.90	2.34	2.11	6.27	4.90
Acide phosphorique total.........	17.76	18.00	21.00	16.11	22.88	20.96	14.80	13.28

Nous venons de passer en revue les principales matières premières fertilisantes que la nature et l'industrie offrent au cultivateur. Abordons maintenant la deuxième question qui nous a été souvent posée, et qui a trait à la valeur vénale de l'azote, de l'acide phosphorique et de la potasse contenus dans les engrais.

De la valeur argent des principes fertilisants. — Il n'est pour ainsi dire pas de jour où un cultivateur, en envoyant un échantillon d'engrais à analyser au laboratoire de la Station agronomique, n'accompagne la demande d'analyse de la mention suivante : « Je vous prie de me dire combien valent 100 kilos de l'engrais que je vous adresse. » Ne me reconnaissant pas le droit, comme directeur de Station, d'intervenir dans la convention librement consentie entre un fabricant d'engrais et l'acheteur (à moins de fraude, bien entendu), après avoir constaté que le produit livré est conforme à la garantie donnée par le vendeur, je me borne généralement à indiquer à l'acheteur le cours moyen de l'acide phosphorique, de l'azote et de la potasse à l'état d'acide phosphorique soluble ou insoluble, d'azote ammoniacal et nitrique, et de potasse. Quand il s'agit d'engrais qui doivent leur action à une ou deux substances bien définies, acide phosphorique, potasse ou azote, tels que phosphates minéraux, superphosphates, sels de potasse, sulfate d'ammoniaque ou nitrate de soude, l'indication du prix des cours suffit pour faire connaître à l'acheteur si le produit lui est offert à sa valeur.

Mais s'agit-il d'engrais organiques plus ou moins complexes, tels que le guano naturel, dont les effets sont dus à l'état de combinaison où s'y trouvent les aliments des végétaux, leur valeur ne saurait plus être rigoureusement fixée d'après le prix de l'azote, du sulfate d'ammoniaque ou de l'acide phosphorique d'un phosphate. La même observation s'applique, bien qu'à un degré moindre, aux tourteaux de graines employés comme engrais. Les agriculteurs qui ont, de longue date, constaté la supériorité des rendements obtenus avec le guano, qui ont vu qu'à teneur égale en azote, en acide phosphorique, les superphosphates azotés, par exemple, ne produisaient pas, dans le même sol, un égal excédent de récoltes, ces agriculteurs peuvent, avec profit souvent, payer l'azote et l'acide phosphorique plus cher dans le guano que dans les engrais fabriqués. C'est là affaire d'expérience et d'appéciation, et le chimiste doit intervenir seulement pour fixer la richesse du produit livré et s'assurer qu'elle est conforme à la garantie des vendeurs. Il en est des aliments des végétaux comme de ceux des animaux; leur agencement peut influer sur leur plus ou moins grande assimilabilité, et l'absolu n'existe pas plus en ce cas que nulle part ailleurs.

Revenons maintenant à la question économique de la valeur vénale des principes fertilisants. Les syndicats d'agriculteurs, en groupant de nombreuses commandes d'engrais, ont montré les avantages de l'association pour ces achats. Je prendrai pour exemple les prix auxquels plusieurs d'entre eux ont traité avec les fabricants d'engrais pour la campagne de 1886.

Les 100 kil. de chacun des engrais suivants seront livrés aux agriculteurs faisant partie de ces syndicats, franco en gare, sacs perdus, dans les conditions de prix que voici :

	Prix des 100 kilogr.	Prix du kilog. de principe fertilisant.
	fr. c.	fr. c.
Sulfate d'ammoniaque à 20 p. 100 d'azote garanti	31 95	1 60
Nitrate de soude à 15,66 p. 100 d'azote garanti	30 65	1 96
Superphosphate minéral à 14 p. 100 acide phosphorique	8 55	0 61
Phosphate des Ardennes à 15 p. 100 acide phosphorique	5 55	0 37
Phosphate des Ardennes à 16,5 p. 100 acide phosphorique	5 75	0 34

Phosphate des Ardennes à 1,9 p. 100 acide phosphorique	6 »	0 34
Phosphate de Bourgogne à 28,4 p. 100 acide phosphorique	9 15	0 32
Noir animal à 32 p. 100 acide phosphorique	13 90	0 44
Chlorure de potassium à 50 p. 100 potasse.	22 65	0 45
Phosphate précipité à 17,40 p. 100 acide phosphorique	24 25	1 39
Tourteaux maïs à 6 p. 100 azote	12 90	9 60
Tourteaux maïs à 3 p. 100 acide phosphorique	12 90	
Guano naturel à 5 p. 100 azote	25 75	
Guano naturel à 17,90 p. 100 acide phosphorique	25 75	

De ce tableau résulte que les agriculteurs en question payeront en 1886, suivant les sources auxquelles il leur paraîtra préférable de s'adresser, d'après leur propre expérience et la connaissance de leurs sols :

1° L'azote, de 1 fr. 60 à 1 fr. 96 le kilogr.;

2° L'acide phosphorique dans les phosphates naturels, de 0 fr. 32 à 0 fr. 37 le kilogr.;

3° L'acide phosphorique dans les superphosphates minéraux, 0 fr. 61 le kilogr.;

4° L'acide phosphorique dans le noir animal, 0 fr. 44 le kilogr.;

5° L'acide phosphorique dans le phosphate précipité, 1 fr. 39 le kilogr., chiffre beaucoup trop élevé, selon nous.

Dans le guano et dans les tourteaux, les prix du kilogramme d'azote et d'acide phosphorique seront sensiblement plus chers, mais dans des limites très acceptables et que justifie la valeur agricole de ces produits.

M. Tanviray, président du syndicat de Loir-et-Cher, dans le rapport annuel (1885) qu'il a adressé aux membres du syndicat (830 membres), insiste à juste titre sur les avantages considérables que présente l'achat par les associations des engrais commerciaux; il compare les prix obtenus par le syndicat à ceux des engrais de deux maisons d'une loyauté parfaite et des mieux réputées.

« L'une d'elles, écrit-il, offre son engrais complet à 24 fr. le quintal. Si nous en calculons la valeur d'après les prix à l'unité de notre contrat, nous trouvons pour :

	fr.	c.
20 p. 100 de phosphate assimilable à 0 fr. 25 c.	5	00
3 p. 100 d'azote à 1 fr. 85	5	55
5 p. 100 de potasse à 0 fr. 45	2	25
Total	12	80

au lieu de 24 fr. rendu franco.

« La maison X... vend son phospho-guano 24 fr. les 100 kil. sans emballage. La valeur réelle de cet engrais, d'après le prix de notre marché, serait de :

	fr.	c.
2 k. 4 azote à 1 fr. 85	4	44
14 k. acide phosphorique à 0,70	9	80
Total	14	24

au lieu de 25 fr.

« Ces chiffres sont-ils assez édifiants ? »

Depuis quinze ans déjà, j'ai appelé l'attention des cultivateurs qui me consultaient sur les écarts énormes que vient de signaler M. Tanviray aux agriculteurs du Loir-et-Cher. Je leur ai montré dans les prix de vente des produits, comparés à ceux des cours, des écarts que rien ne justifie. Si l'on calcule le prix de revient de l'acide phosphorique dans les superphosphates de la première société, on arrive aux résultats suivants :

Dans le superphosphate ordinaire (à 20 p. 100 de phosphate vendu 10 fr. 50 les 100 kil.), l'acide phosphorique se paye 1 fr. 14 le kil.; dans le superphosphate riche (30 p. 100 de phosphate à 12 fr. 50 les 100 kil.), il coûte 91 cent. le kil.; dans le superphosphate azoté (27 p. 100 de phosphate, 3 p. 100 d'azote à 22 fr. les 100 kil.), il revient à 1 fr. 39 le kil., et dans le superphosphate potassique (23 p. 100 de phosphate et 7 p. 100 de potasse à 17 fr. les 100 kil.), on le paye 1 fr. 31. Soit, en moyenne, plus du double du prix actuel, qui est de 65 à 70 cent. le kil.

En résumé, la valeur vénale du kilogramme des principes fertilisants des engrais industriels peut être établie aujourd'hui, notamment par les offres faites aux syndicats d'agriculteurs, à peu près sur les bases suivantes :

	fr. c.		fr. c.
Acide phosphorique dans les phosphates minéraux	0 30	à	0 40
Acide phosphorique dans les superphosphates.	0 60	à	0 70
Azote ammoniacal	1 50	à	1 601
Azote nitrique [1]	1 80	à	2 »
Azote dans les guanos, le sang, la poudrette	1 80	à	2 25
Potasse	0 40	à	0 50

1. Je n'accorderais pas de plus-value notable à l'azote nitrique sur l'azote ammoniacal, le sulfate d'ammoniaque donnant des résultats aussi bons que le nitrate de soude dans la plupart des cas.

La chose qui importe le plus dans les achats d'engrais, on ne saurait trop le répéter aux cultivateurs, c'est d'exiger des vendeurs la désignation exacte, sur facture, des quantités de chacune des matières fertilisantes contenues dans les produits livrés par eux. En général, ils auront tout intérêt à acheter des engrais simples : phosphates, sels de potasse, sels ammoniacaux ou nitrates, et à en opérer le mélange à la ferme à l'aide d'une addition de terre fine, qui rende la répartition plus facile. Tous les engrais du commerce dits *complets* se vendent à un taux supérieur à leur valeur réelle, calculée d'après leur teneur en azote, acide phosphorique et potasse. L'action des syndicats, les conseils des directeurs des stations agronomiques et ceux des professeurs départementaux d'agriculture, peuvent amener un énorme progrès dans le choix et l'application des engrais minéraux. Ce concours aidant, le cultivateur peut, s'il le veut, être mis, d'une part, complètement à l'abri de la fraude en renonçont à tout achat d'engrais qui n'aurait pas pour base la garantie de l'analyse; de l'autre, par l'association, en s'affiliant au syndicat de son département, en provoquant la création d'un syndicat s'il n'existe pas chez lui, il se procurera à des conditions meilleures des produits sur la qualité desquels il pourra compter.

L'œuvre dont M. Tanviray a été le zélé promoteur se propage : on compte aujourd'hui plus de quarante syndicats agricoles départementaux. Ceux du Loir-et-Cher et des Ardennes, les premiers en date, ont 830 et 1 300 membres. Plusieurs départements possèdent des syndicats d'arrondissement et même de canton. Que l'initiative des propriétaires et des cultivateurs ne se ralentisse pas. Associons-nous pour la lutte et pour le progrès.

Le ministère de l'agriculture, offrant son concours pour la création de champs de démonstration et pour l'institution de stations expérimentales dans les départements qui n'en possèdent pas encore, trouvera, nous l'espérons, un chaleureux écho dans nos assemblées départementales. Les conseils généraux seront appelés, dans leur session d'août, à se prononcer sur la part que leurs départements respectifs prendront aux excellentes mesures proposées par l'honorable M. Gomot dans ses circulaires aux préfets et aux professeurs d'agriculture, concernant l'expérimentation et la démonstration agricoles. Nous examinerons plus loin, en détail, ces importants documents. Nul doute que les conseils généraux n'accordent à l'agriculture si éprouvée une preuve manifeste de l'intérêt qu'ils attachent à la divulgation des bonnes méthodes culturales en votant les subsides nécessaires pour la réalisation du programme du ministre de l'agriculture.

A l'initiative privée des intéressés, propriétaires, fermiers, cultivateurs, à faire le reste. Notre conviction à l'endroit des remèdes à apporter à la situation actuelle est chaque jour plus ardente; en recherchant et en appliquant les moyens nombreux et divers d'accroissement de nos rendements, d'augmentation de notre bétail, les agriculteurs français triompheront du mal et aideront plus sûrement et plus promptement au relèvement de l'agriculture qu'en demandant tout à l'État et en l'objurguant d'élever des tarifs douaniers dont l'expérience récente montre le peu d'influence sur le relèvement des prix.

VII

LES SCORIES PHOSPHATÉES THOMAS-GILCHRIST
LEUR COMPOSITION

La déphosphoration de la fonte par le procédé Thomas-Gilchrist. — Un nouvel engrais phosphaté. — Composition des scories phosphatées. — Le dosage de l'acide phosphorique et le citrate d'ammoniaque. — Une fumure de blé à 60 francs par hectare. — Expériences culturales à tenter avec les engrais phosphatés Thomas-Gilchrist.

Tous les voyageurs qui ont parcouru les régions métallurgiques de l'est de la France, de la Belgique et du bassin de la Sarre ont été frappés, sans doute, de l'accumulation des laitiers des hauts fourneaux autour des usines à fonte. Ces laitiers, résultat de l'opération qui a pour but de séparer le fer de la gangue qui l'enveloppe, sont devenus pour les producteurs de fonte un véritable embarras, en raison du volume considérable qu'ils occupent et de leur amoncellement chaque jour croissant, dans le voisinage des hauts fourneaux. Essentiellement formées de silicate de chaux et d'alumine, associées à des quantités de fer plus ou moins notables qui ont échappé à la réduction dans le haut fourneau, ces scories sont sans aucune valeur au point de vue agricole; leur seul emploi de quelque importance consiste dans l'empierrement des routes. Il n'en est pas de même des scories de déphosphoration.

Depuis le développement considérable qu'a pris la fabrication de l'acier (procédé Bessemer et autres), des progrès importants ont transformé la métallurgie du fer : on est parvenu à enlever aux minerais et à la fonte qui en dérive le soufre et le phosphore qui les rendaient impropres à la fabrication de l'acier de bonne qualité. Deux jeunes inventeurs, MM. Thomas et Gilchrist, complètement étrangers jusque-là à la métallurgie, firent, il y a quelques années, en Angleterre, une tentative qui pouvait paraître audacieuse et qui a pleinement réussi, grâce à la persévérance de ses auteurs. MM. Thomas et Gilchrist imaginèrent d'appliquer en grand, du premier coup, des idées théoriques formulées assez vaguement par un ingénieur français, M. Grüner, et parvinrent, à force de ténacité, à introduire dans la métallurgie de l'acier une véritable révolution. Le but à atteindre était d'enlever le phosphore qui s'accumule dans la fonte, de le faire passer dans la scorie et d'obtenir de l'acier à l'aide de fontes phosphoreuses, ce qui n'avait pas été réalisé industriellement avant eux. C'est par l'addition à la fonte de magnésie et de chaux en grand excès, soit dans le four Martin-Siemens, soit dans le convertisseur Bessemer, que MM. Thomas et

Gilchrist sont parvenus à réunir dans la scorie presque tout le phosphore de la fonte, et à obtenir de l'acier de bonne qualité avec une matière première réputée jusque-là impropre à la production de ce précieux métal. La bauxite, la dolomie, le calcaire, matières très abondantes et riches à la fois en chaux et en magnésie, additionnés, dans certains cas, de minerai de fer manganésifère, sont les matières employées à la déphosphoration. Un exemple suffira pour donner une idée des résultats obtenus par la méthode Thomas-Gilchrist.

Une fonte employée contenant avant traitement :

Carbone	3 p. 100
Silicium	1,3
Manganèse	1,5 à 2 p. 100
Phosphore	2,5 à 3 p. 100
Soufre	0,2

après déphosphoration au convertisseur Bessemer garni intérieurement de dolomie agglutinée avec du goudron, cette dolomie renfermant :

Chaux	53 p. 100
Magnésie	35
Silice et alumine	7

l'acier provenant de la fonte présentait la composition suivante :

Carbone	0,43
Silicium	Traces
Manganèse	0,76
Phosphore	0,02
Soufre	0,03

Le laitier séparé de l'acier, dans cette opération, était formé de :

Silice	12 p. 100
Chaux et magnésie	54 —
Oxyde de fer et de manganèse	11 —
Acide phosphorique	16 —
Alumine-chrome	Traces.
Acide sulfurique et vanadique	

Lors de l'écoulement au dehors du convertisseur, il se produit dans le laitier une sorte de liquation : le laitier obtenu au commencement présente des variations plus ou moins notables dans le taux de l'acide phosphorique et de la chaux par rapport au laitier qui s'écoule en dernier lieu. Le premier laitier, beaucoup plus riche en chaux et notablement plus pauvre en acide phosphorique (7 à 8 p. 100 environ au lieu de 15 à 17 p. 100), se délite spontanément à l'air assez rapidement. Le laitier plus riche en acide phosphorique est moins altérable à l'air; il a besoin d'être broyé avant d'être appliqué à la culture.

N'ayant pas à m'occuper ici de la fabrication de l'acier, je laisse de côté tous les détails de l'opération qu'on nomme *déphosphoration* et qui se pratique en grand dans beaucoup d'usines importantes; au Creuzot, chez MM. de Wendel à Hayange et à Jeuf, aux aciéries de Longwy, en Belgique, en Allemagne, en Angleterre. Revenons au laitier produit dans cette opération. Il renferme, comme je l'indique plus haut, une quantité d'acide phosphorique considérable et qui lui donnera une valeur réelle au point de vue des applications agricoles dont je veux parler.

Les scories de haut fourneau, autrefois sans emploi, vont être pour l'agriculture une source nouvelle de phosphore à bon marché, et la découverte de MM. Thomas et Gilchrist, capitale pour l'industrie métallurgique, sera en même temps un bienfait pour l'agriculture. Telle est la question que je veux examiner avec quelques détails.

Mon attention a été appelée, vers le milieu de l'année dernière, sur la possibilité, pour les agriculteurs, de tirer parti, comme source d'acide phosphorique, de ces scories offertes à très bas prix par la métallurgie.

Commençons par examiner la constitution des scories de déphosphoration. Comme on doit s'y attendre, la composition de ce produit industriel ne saurait être constante. Elle dépend essentiellement de la teneur en phosphore des fontes soumises au traitement Thomas-Gilchrist; elle peut varier aussi en raison des quantités de chaux, de magnésie et de manganèse introduites, en plus ou moins grandes proportions, dans le convertisseur de fonte en acier.

Des analyses déjà nombreuses faites à la Station agronomique de l'Est et dans divers laboratoires français et étrangers, résultent les écarts suivants dans la composition des scories en question d'après la nature des fontes et le mode de production du laitier :

Acide phosphorique	7 à 20	p. 100
Chaux	36 à 45	—
Magnésie	3 à 8	—
Silice	6 à 8	—
Protoxyde de fer	12 à 22	—
Protoxyde de manganèse	4 à 6	—
Acide sulfurique	0,2 à 0,6	—
Alumine	1 à 12	—

Les matières utiles pour la végétation contenues dans ces scories sont : l'acide phosphorique, la chaux et la magnésie. La présence du fer et du manganèse à l'état de protoxyde est à noter : nous y reviendrons plus loin pour examiner si elle ne présente pas quelque inconvénient.

Les scories sortent des appareils, à l'état de fusion complète, après avoir subi une température très élevée (1 800° à 2 000°); elles se figent par le refroidissement et constituent alors une masse poreuse, dure, mais se désagrégeant assez promptement, par la simple exposition à l'air dans le cas des scories pauvres en acide phosphorique, à la suite des altérations que le contact de l'atmosphère lui fait subir. On hâte la désagrégation des autres par une action mécanique (meule, broyeur, etc.); en tout cas, elles sont livrées, par les usines, en poudres plus ou moins grossières et plus ou moins homogènes, suivant l'état de désagrégation de la matière. Certaines de ces scories renferment une sorte de grenaille dont la proportion a varié, dans celles que nous avons analysées, de 10 à 20 p. 100, grenaille présentant la même composition que la poudre qu'elle accompagne et qui se désagrège lentement par son exposition à l'air.

La valeur de ces scories réside tout entière dans leur teneur en acide phosphorique : il n'est donc point inutile de déterminer à quel état ce précieux aliment des végétaux s'y rencontre. Avant qu'on ait songé à employer directement, par épandage sur le sol, les scories délitées à l'air, il s'est installé, en Allemagne et en Angleterre, des usines où l'on transforme en phosphate précipité (phosphate bibasique de chaux) le phosphore des scories Gilchrist. Voici comment on opère : la scorie ferrugineuse est dissoute dans l'acide chlorhydrique, la liqueur est traitée par un lait de chaux ; le phosphate précipité obtenu est recueilli par décantation, lavé et séché. Le produit ainsi préparé contient de 27 à 35 p. 100 de son poids d'acide phosphorique à l'état de phosphate bicalcique. On se trouve alors en présence d'un produit sur lequel je me suis arrêté assez longuement dans le chapitre IV (voir page 40) pour n'avoir plus à y revenir, et qui constitue un engrais de valeur égale à celle du superphosphate de même titre en acide phosphorique. Dans d'autres usines de France, de Belgique et d'Allemagne, on se borne à achever, par broyage, la désagrégation des scories commencée à l'air et on offre à l'agriculture des produits dont la richesse en acide phosphorique varie dans les proportions que j'ai indiquées plus haut.

Enfin, une usine belge grille à l'air ces phosphates désagrégés pour oxyder complètement le fer et le manganèse qui s'y trouvent à l'état de protoxyde.

Quant au prix de vente du produit, il n'est pas

encore bien établi, mais, à teneur égale en acide phosphorique, il est très inférieur à celui des phosphates de chaux naturels. Le marché ne pourra établir des prix définitifs que si les demandes deviennent assez nombreuses pour que les scories Gilchrist soient assurées d'un débouché régulier. Elles seront pour longtemps d'ailleurs la source la moins chère d'acide phosphorique pour l'agriculture, qui devra l'obtenir de 0 fr. 15 à 0 fr. 20 le kilogr. dans le voisinage des lieux de production.

Maintenant que nous connaissons la teneur en acide phosphorique et le bon marché du produit de la déphosphoration, examinons de plus près sa constitution, ce qui nous fournira l'occasion de remarques des plus importantes sur la question tant débattue de la valeur comparative de l'acide phosphorique sous ses divers états de combinaison.

L'analyse des scories de diverses provenances m'a fait constater l'existence de l'acide phosphorique, dans ces laitiers, à trois états chimiques très différents quant à leur manière de se comporter avec les dissolvants :

1° De l'acide phosphorique soluble dans le citrate d'ammoniaque ;

2° De l'acide phosphorique soluble dans l'acide chlorhydrique, mais insoluble dans l'acide nitrique ;

3° De l'acide phosphorique soluble à la fois dans l'acide chlorhydrique et dans l'acide nitrique.

Les analyses suivantes, extraites des registres de la Station agronomique de l'Est, montrent la variabilité du taux de ces trois états de l'acide phosphorique dans les scories :

	A	B	C
	p. 100	p. 100	p. 100
Ac. soluble dans le citrate............	0,743	2,432	2,112
— l'acide azotique.......	3,201	5,376	7,424
Ac. soluble dans l'acide chlorhydrique, mais insoluble dans l'acide nitrique...	2,230	7,296	8,384
Ac. total, soluble dans l'acide chlorhydrique......................	6,174	15,104	17,920

D'autres analyses faites en Allemagne, en Belgique et en France ont décelé des taux d'acide phosphorique soluble dans le citrate d'ammoniaque atteignant jusqu'à 7 p. 100 et même 10 p. 100 de la matière première et représentant plus de la moitié de l'acide phosphorique total de la scorie.

Mes lecteurs voudront bien, je l'espère, me pardonner l'aridité de ces détails techniques, en raison des conséquences intéressantes qui en découlent relativement au prix que les cultivateurs doivent consentir à payer l'acide phosphorique dans les engrais, ce que je vais essayer de montrer.

Au début de l'emploi des engrais chimiques, on a cru, nous l'avons vu, à la nécessité absolue de donner au sol, pour le fertiliser, de l'acide phosphorique *soluble dans l'eau*. De là l'industrie des superphosphates.

Ayant plus tard constaté que le superphosphate, seul ou en présence du fer et de l'alumine, perdait la majeure partie de sa solubilité et passait à un nouvel état (phosphate bibasique) auquel on se refusait à accorder une valeur agricole voisine de celle de l'acide phosphorique soluble, on a cherché un réactif qui permît de doser isolément les deux acides. Le sel connu sous le nom de citrate d'ammoniaque a paru remplir ce but : on considéra dès lors comme très supérieur au phosphate tribasique, insoluble dans ce réactif, le phosphate soluble dans le citrate. L'emploi de ce mode d'analyse se généralisa.

L'expérience venant confirmer l'opinion soutenue par nous depuis quinze ans, concernant l'identité d'action sur la végétation du phosphate soluble dans l'eau et du phosphate soluble dans le citrate, on arriva à se baser uniquement, pour fixer la valeur vénale d'un engrais phosphaté, sur son degré de solubilité dans le citrate. C'était un progrès qui devait profiter au cultivateur, le prix de l'acide phosphorique soluble dans l'eau, si élevé il y a quelques années (1 fr. 15 à 1 fr. 25 le kilogr.), se trouvant ramené, par là, à celui de l'acide ou phosphate précipité (50 à 60 centimes le kilogr.). Que prouve la solubilité de l'acide phosphorique dans le citrate d'ammoniaque? Signifie-t-elle, comme on le répète trop souvent, que cet acide est plus facilement assimilable par les plantes, parce qu'il est dans un état voisin de l'acide soluble dans l'eau, dont il différerait beaucoup moins, sous ce rapport, que de l'acide insoluble des phosphates minéraux? Je n'hésite pas à répondre que la solubilité d'un phosphate dans le citrate ne prouve absolument rien, dans l'état de nos connaissances physiologiques, relativement à son degré d'assimilabilité. L'acide phosphorique contenu dans le fumier et dans les détritus organiques dont on ne niera pas, je l'espère, l'assimilation par les plantes, n'est *pas soluble* dans le citrate d'ammoniaque ou ne s'y dissout qu'en faible proportion. D'autre part, l'expérience démontre que les sols les plus fertiles ne contiennent pas en quantité appréciable, si même ils en renferment, de phosphate soluble dans le citrate. On se paye donc de mots quand on regarde comme assimilables les phosphates solubles dans l'eau et dans le citrate, et qu'on refuse implicitement, par là, la même propriété aux phosphates naturels du sol, aux coprolithes, etc.

L'analyse des scories que j'ai citées plus haut y décèle la présence de quantités parfois considérables de phosphate soluble dans le citrate, fait curieux, si l'on songe que ces scories ont été portées à des températures énormes. On admettait assez généralement jusqu'ici que l'action de la chaleur avait pour résultat de faire perdre au phosphate bibasique de chaux sa solubilité dans le citrate; on admettait en outre que le phosphate qui se dissout dans le citrate est du phosphate bibasique, le phosphate tribasique ou phosphate naturel étant regardé comme complètement insoluble dans ce réactif.

La présence dans les scories de déphosphoration d'un phosphate soluble dans le citrate d'ammoniaque vient porter le dernier coup, ce me semble, à la valeur de ce réactif et aux conclusions qu'on peut tirer des analyses faites à son aide. En effet, ces scories renferment, à côté d'une forte teneur en fer et en manganèse, d'énormes quantités de chaux et de magnésie, dont une partie à l'état libre; de plus, l'analyse y décèle un taux variable de deux et dix pour cent d'acide phosphorique soluble dans le citrate. Or ici se pose le dilemme suivant : ou bien ces scories contiennent du phosphate bibasique en présence d'un grand excès de chaux, ce que rend inadmissible ce que nous savons de la formation de ce phosphate, ou bien le produit soluble dans le citrate d'ammoniaque n'est pas du phosphate bibasique, mais bien du phosphate tribasique analogue au phosphate naturel. Cette dernière hypothèse me paraît la vraie : elle concorde avec les belles études de M. A. Joly sur la constitution des phosphates de chaux. Mais alors l'emploi du citrate dans l'analyse des engrais phosphatés perd toute sa valeur, car il ne permet pas de distinguer la combinaison dans laquelle est engagé l'acide phosphorique et ne saurait, par suite, fournir aucune donnée sur son plus ou moins grand degré d'assimilabilité. On voit que nous avions raison d'attribuer tout à l'heure un intérêt général, au point de vue de la vente des engrais, à la composition de ces scories. Elle nous fournit une preuve de plus de la nécessité de modifier nos méthodes d'analyse en ce qui concerne le dosage de l'acide phosphorique. Elle met en outre en relief le peu de solidité des bases que le commerce des engrais a adoptées jusqu'ici pour fixer la valeur vénale de l'acide phosphorique.

Plus que jamais convaincu du rôle prépondérant

de la dissémination physique de la matière fertilisante dans le sol au point de vue de son action sur la végétation, je considère comme la qualité dominante, toutes choses égales d'ailleurs, son degré de division. Plus une poudre de phosphate naturel ou autre sera fine, plus son action sur la végétation sera marquée. C'est donc à trouver des procédés facilement applicables à l'analyse des engrais, pour déterminer le degré de division et de dissémination auquel sont réduits leurs principes actifs, que doivent s'attacher les directeurs des laboratoires agricoles, la méthode dite *au citrate* laissant pour les engrais phosphatés tout ou à peu près tout à désirer de ce côté.

Reste maintenant, pour en revenir aux scories de déphosphoration, une question capitale et pour la solution de laquelle les expériences agricoles nous donneront tout à l'heure des indications précieuses. En effet, ce n'est pas tout de pouvoir introduire dans ses terres de l'acide phosphorique à quinze ou vingt centimes le kilogramme, au lieu de trente, cinquante centimes et un franc cinquante, comme ont la prétention de le vendre certains fabricants. La première chose à savoir, c'est si cet acide phosphorique sera utile à la végétation. La plante elle-même peut seule nous fournir une réponse décisive. *A priori*, la composition des scories et ce que nous savons de l'assimilation des phosphates fossiles par la plante nous portaient à croire à l'efficacité pour nos récoltes des phosphates contenus dans les scories Thomas-Gilchrist. La facilité avec laquelle se délite cette scorie, le degré de division qu'elle atteindra rapidement dans le sol, la quantité de chaux libre qu'elle renferme, nous faisaient augurer très favorablement de son emploi. Mais, encore une fois, aucune considération théorique ne vaut l'expérience directe; c'est donc elle que nous allons invoquer. Je dois signaler d'abord une objection qui se présente à l'esprit au sujet de l'emploi des scories; cette objection a trait à leur composition chimique.

On a vu précédemment que ces scories sont riches en oxydes de fer et de manganèse au minimum d'oxydation, c'est-à-dire devant continuer à s'oxyder aux dépens de l'air. N'y a-t-il pas à redouter que l'introduction de ces scories dans la terre ne nuise aux racines par la soustraction d'oxygène qu'entraînera leur oxydation? Je ne le pense pas, surtout si l'on a la précaution, que j'ai recommandée aux cultivateurs qui m'ont consulté à ce sujet, de répandre ces scories à la surface du champ, un certain temps avant le labour qui devra les enfouir. L'oxydation s'opérera assez rapidement pour qu'on n'ait rien à redouter de ce côté [1].

Enfin je dois appeler l'attention des agriculteurs qui feront l'essai de ces scories, qu'on peut em-

1. Au printemps de 1886, nous avons répandu, M. Thiry et moi, des scories de déphosphoration à la dose de 7 000 kilogr. à l'hectare sur un champ qu'on a ensuite ensemencé en avoine. La levée a été très belle, et jusqu'à présent il est impossible de constater aucun inconvénient résultant de l'emploi de cette énorme quantité de scories. Si la présence du fer au minimum avait dû être nuisible à la végétation, c'est au moment de la levée de la graine que l'on aurait constaté e fait. (Juin 1886.)

ployer, suivant leur richesse, à la dose de 500 à 5 000 kilogr. à l'hectare pour sole de blé, sur le mode d'achat de ce produit.

L'institution des stations agronomiques est parvenue à peu près complètement à triompher de la routine, en ce qui regarde la base du contrat de vente des phosphates naturels : avant la campagne entreprise par les stations contre le procédé d'analyse en usage pour le titrage des phosphates, le procédé suivi à peu près exclusivement était celui de la méthode dite *commerciale*. Ce procédé consiste en ceci : on dissout dans un acide un poids donné du phosphate à analyser, on neutralise la solution par l'ammoniaque; on recueille le précipité ainsi formé, on en détermine le poids en considérant ce poids comme représentant le phosphate de chaux tribasique pur. Or les phosphates naturels contiennent, outre le phosphate de chaux, du fer, de l'alumine, de la silice, etc., qui, précipités par l'ammoniaque avec le phosphate de chaux, sont pesés avec lui et comptés au vendeur comme phosphate de chaux. De ce chef, l'acheteur paye comme acide phosphorique des matières inertes, sans valeur aucune, dont le poids peut atteindre dans certains cas dix, vingt, trente pour cent de celui du phosphate réel. Le dosage de l'acide phosphorique substitué à la méthode dite commerciale fait disparaître absolument le préjudice porté à l'acheteur, puisque le prix de l'engrais s'établit sur sa teneur en acide phosphorique réel.

L'analyse des scories de déphosphoration qui servira de base aux transactions entre vendeurs et acheteurs ne devra, en aucun cas, être faite par la méthode dite commerciale. L'acheteur doit exiger, dans le contrat de vente, la mention du taux d'acide phosphorique pur contenu dans le produit. J'ai appliqué à la scorie B, dont l'analyse est rapportée plus haut, la méthode dite commerciale ; elle m'a donné le résultat suivant, comparé à la méthode exacte de dosage de l'acide phosphorique :

	p. 100
Acide phosphorique réel......................	6,174
Ac. phosph. déduit de la méthode commerciale..	21,1
Différence (erreur)........	14,926

La méthode commerciale, grâce à la richesse de cette scorie en fer et en manganèse, accuse donc trois fois plus d'acide phosphorique que la matière n'en contient en réalité. En aucun cas les agriculteurs ne doivent acheter de matières phosphatées d'après leur titre commercial. Les fraudeurs savent parfaitement que l'alumine, l'oxyde de fer et d'autres substances, de nulle valeur comme celles-là, sont précipités par l'ammoniaque de leur dissolution acide, en même temps que les phosphates ; c'est à l'acheteur à exiger la garantie de la teneur des substances fertilisantes établie par les méthodes rigoureuses.

En signalant la nouvelle source de phosphore à bon marché que l'industrie métallurgique vient mettre à la disposition de l'agriculture, je désire provoquer l'essai dans des sols différents des scories obtenues par le procédé Thomas-Gilchrist. Ces essais peuvent être entrepris sur les céréales, blé de printemps, blé d'hiver, seigle, avoine, orge, sur les plantes fourragères et sur les prairies. La première chose à faire est de connaître exactement la teneur en acide phosphorique réel de la scorie employée. D'après cette teneur, on déterminera la dose de scorie à répandre sur le sol le plus tôt possible. En raison du bas prix auquel on peut se procurer ces scories dans les grandes usines à acier de France, d'Alsace-Lorraine ou de Belgique, il n'y a pas à hésiter à les employer à dose considérable, à raison, par exemple, de 150 à 200 kilogr. d'acide phosphorique réel à l'hectare.

Il n'y a absolument pas à craindre la déperdition de phosphate dans le sol; ce qui n'aura pas été utilisé par la première récolte restera à la disposition des suivantes. Pour céréales, en sol de composition moyenne, et à moins d'indication contraire résultant de l'analyse de la terre, l'addition en couverture de 150 à 200 kilogr. de nitrate de soude ou de 125 kilogr. de sulfate d'ammoniaque formerait avec ces scories une fumure complète coûtant de 60 à 70 fr. par hectare, la potasse devant être fournie par le sol. Il faudra épandre aussi régulièrement que possible les scories délitées à la surface du sol, trois semaines ou un mois avant le labour qui précédera la semaille. Un hersage énergique, si le temps et l'état du sol le permettent, favoriserait très utilement la diffusion de la scorie dans la terre avant le labour.

Dans les terrains acides ou tourbeux, l'emploi de ces scories est particulièrement indiqué : elles agiront à la fois par l'acide phosphorique et par la chaux à un état de grande division qu'elles apporteront au sol. Les terrains, mis en culture, après défrichement plus ou moins récent, seront également très améliorés par l'emploi de ces scories. Des essais de ce genre peuvent être tentés et multipliés à peu de frais, à raison du bas prix de ces scories; nous parlerons plus loin de ceux que nous avons institués cette année, à l'École Mathieu de Dombasle.

Je recevrai avec reconnaissance des agriculteurs qui tenteront, de leur côté, l'emploi de cette nouvelle matière fertilisante, tous les renseignements qu'ils voudront bien me donner.

Les cendres de blé contiennent moitié de leur poids d'acide phosphorique; il ne faut donc rien négliger pour se procurer au plus bas prix possible cette substance que nous exportons journellement de nos exploitations sous forme de grain, de lait, de viande, et dont la restitution ne saurait trop nous préoccuper.

Agissant d'autant plus favorablement qu'ils sont à un état de division plus grand dans le sol, les phosphates appartiennent à cette classe d'engrais dont on doit faire à la terre une large avance, puisqu'on n'a rien à redouter de l'action des eaux pour leur entraînement.

La nouvelle source de phosphate dont MM. Thomas et Gilchrist ont doté l'agriculture est appelée à rendre les plus grands services : elle nous permettra en effet de suffire amplement à l'alimentation de nos récoltes en acide phosphorique à un bon marché que n'atteint jusqu'ici aucune matière phosphatée connue.

VIII

VALEUR FERTILISANTE DES SCORIES GILCHRIST

Rendements obtenus dans la culture de l'avoine, des betteraves et des prairies avec les scories de déphosphoration de la fonte. — Indications sur leur mode d'emploi. — Importance de la production des scories Gilchrist.

Au printemps de 1885 a paru à Berlin, sur les scories Thomas-Gilchrist, une brochure du Dr Fleischer qui résume les expériences de culture faites en Allemagne, dans les années 1884 et 1885, et fournit, en outre, d'intéressantes indications sur la production et la composition du nouvel engrais [1].

La production annuelle des scories Thomas-Gilchrist en Allemagne (Luxembourg et Alsace-Lorraine compris) est évaluée, d'après les documents statistiques de l'industrie métallurgique, au chiffre minimum de 20 000 tonnes métriques, d'une teneur moyenne

1. Die Entphosphorung des Eisens durch den Thomas-Gilchrist Prozess und ihre Bedeutung für die Landwirthschaft, von D. Fleischer, dirigent der kœnig. preussischen Moor. Versuchs Station zu Bremen. In-8°, Parey. Berlin, 1886.

de 17,5 p. 100 d'acide phosphorique. L'agriculture allemande, avec sa seule production, pourrait, d'après cela, fumer, à raison de 200 kilogr. d'acide phosphorique à l'hectare, l'énorme surface de plus de dix-sept mille hectares (17 500 hectares). Je n'ai pu encore réunir les éléments nécessaires pour évaluer exactement la production française de scories Thomas, mais je pense qu'elle doit être beaucoup supérieure à ce chiffre, à en juger par la production du bassin de la Meurthe et de la Moselle, qui pourra livrer 40 000 tonnes environ.

On voit que l'abondance de cette nouvelle source d'acide phosphorique justifie une étude expérimentale aussi complète que possible de son emploi agricole. L'examen d'échantillons assez nombreux de scories Thomas provenant de diverses aciéries nous a montré que la rapidité avec laquelle elles se désagrègent à l'air varie notablement, principalement avec les quantités de chaux introduites dans la fonte pour la déphosphorer. Suivant leur provenance, les unes, après quelques mois d'exposition à l'air dans les usines, se résolvent en poudre grossière très friable; les autres résistent davantage aux actions atmosphériques et fournissent une matière grenue beaucoup moins fine. Or je n'ai pas besoin d'insister à nouveau auprès de mes lecteurs sur l'importance de l'état de division des matières fertilisantes que l'on confie au sol.

Le broyage des scories Thomas a fait, en Allemagne, de grands progrès pendant l'année dernière, comme le prouvent les déterminations exécutées par M. Fleischer au laboratoire de la station de Brême. Cent parties de scories livrées à l'agriculture contenaient les proportions suivantes de grains de diverses grosseurs :

	AU-DESSUS DE 1 MILL. DE DIAMÈTRE	DE 0,5 A 0,10	DE 0,25 A 0,50	AU-DESSUS DE 0,25
	p. 100.	p. 100.	p. 100.	p. 100.
Scories brutes (1884)....	10,2	29,5	25,8	34,6
Scories brutes (1885)....	0,5	12,7	24,3	62,5
Scories moulues (1885)..	0	0	13,0	8,70
Scories moulues et tamisées (1885)..........	0	0	0	100

On arrive donc à livrer commercialement, en Allemagne, de la poudre de scorie d'un grain inférieur à 1/4 de millimètre. Les phosphates naturels des Ardennes, du Cher, etc., sont amenés à un degré de finesse bien supérieure à celui-là, et qu'il est moins facile d'atteindre pour les scories Thomas-Gilchrist, à cause de la présence dans ces dernières d'une quantité d'acier assez considérable (de 5 à 10 p. 100) qu'il faut préalablement en extraire aussi complètement que possible. La dureté des grains d'acier mélangés à la scorie rend très difficile la division en poudre impalpable des scories Thomas-Gilchrist.

Les essais de culture que je rapporterai plus loin semblent, d'ailleurs, prouver qu'il ne faut pas s'exagérer cet inconvénient que j'ai cru devoir signaler, en indiquant aux agriculteurs le moyen d'y parer dans une très large mesure. En attendant que l'industrie trouve le moyen de diviser mieux encore les scories de déphosphoration, voici le procédé auquel je leur conseille de recourir : les scories phosphatées étant très riches en chaux (35 à 40 p. 100), dont un quart environ à l'état de chaux vive, se délitent assez promptement à l'air, en prenant de l'eau et de l'acide carbonique à l'atmosphère. Si donc on étend à la surface du sol cette poudre dont les grains varient, en grosseur, de 0,25 millimètre à un millimètre et quelquefois plus, l'action de l'eau et de l'acide carbonique amènera rapidement la désagrégation de la matière ; les grains qui auront échappé, pendant leur exposition à l'air, à la pulvérisation naturelle dont je parle, se décomposeront plus ou moins vite ensuite dans le sol. Dans les terrains acides, tourbeux ou seulement riches en humus, comme les prairies, les matières organiques du sol se chargeront, en peu de temps, de la désagrégation de la poudre grossière des scories. Dans les sols sablonneux, pauvres en argile et en chaux, où cette substance apportera à la fois de la chaux en abondance et de l'acide phosphorique, la porosité du sol, sa perméabilité à l'air et à l'eau rempliront aussi promptement le rôle désagrégeant des matières organiques.

Restent les sols très calcaires, où l'emploi des scories à haute dose produira des effets moins marqués, et les sols argileux, pour lesquels il faut donner la préférence aux poudres les plus fines. Les scories

Gilchrist offrant au cultivateur de l'acide phosphorique à très bon marché, le cultivateur a tout intérêt à faire au sol une très large avance en phosphates. La poudre la plus fine servira à la première récolte; les grains plus grossiers se décomposeront dans l'intervalle d'une récolte à l'autre, les labours aidant, et deviendront disponibles pour l'alimentation des végétaux de la sole suivante. Les résultats culturaux consignés dans la brochure de M. Fleischer sont là pour montrer, d'ailleurs, que telles qu'on les a livrées à l'agriculture, imparfaitement moulues, les scories Thomas-Gilchrist ont donné pour l'avoine, pour les betteraves et les prairies des rendements très satisfaisants, tantôt peu inférieurs, tantôt égaux ou supérieurs aux rendements obtenus avec le superphosphate dans les mêmes sols.

Il me paraît intéressant de mettre sous les yeux de mes lecteurs les principaux résultats des essais de culture faits en Allemagne pendant les années 1884 et 1885, à l'aide de ces scories, employées comparativement avec le phosphate de chaux précipité et le superphosphate de chaux, d'un prix beaucoup plus élevé.

1° *Essais faits en sol tourbeux dans la propriété de Sallesch, à Ortelsburg (Prusse orientale).* — A quatre parcelles, semées en avoine, on a donné, avant les semailles, 600 kilogr. de kaïnite. Trois de ces parcelles ont reçu en outre : la parcelle A, 200 kilogr. de phosphate de chaux précipité, contenant 60 kilogr. d'acide phosphorique; la parcelle B, 100 kilogr. de phosphate précipité et 200 kilogr. de scories, soit en tout 80 kilogr. d'acide phosphorique; la parcelle C, 500 kilogr. de scories, soit 100 kilogr. d'acide phosphorique. Les rendements à l'hectare ont été les suivants :

	Grain.	Paille.
	kil.	kil.
Parcelle sans phosphate...........	1403	3933
Parcelle A, phosphate précipité....	1455	4335
Parcelle B, phosph. ppté et scories.	1657	3325
Parcelle C, scories...............	2125	4995

La récolte de la parcelle fumée à la potasse seule (kaïnite) étant prise pour unité et égalée à 100, les rendements des trois autres parcelles sont représentés par les chiffres suivants :

A, grain 104, paille 110. — B, grain 119, paille 85. — C, grain 152, paille 122.

2° *Essais faits sur la propriété de Weissagh, près de Cottbus*, en sol tourbeux amendé par le procédé Rimpau (couverture d'une couche de sable de 0m,05). Récolte d'avoine :

Les cinq parcelles ont reçu chacune 600 kilogr. de kaïnite; sur quatre d'entre elles on a répandu en outre : parcelle A, 336 kilogr. de superphosphate de chaux; parcelle B, 240 kilogr. de phosphate précipité; parcelle C, 120 kilogr. de phosphate précipité et 300 kilogr. de scories; parcelle D, 600 kilogr. de scories. Les rendements à l'hectare ont été les suivants :

	Grain.	Paille.
	—	—
Avec potasse seule	5574	7336
Parcelle A	6228	8772
Parcelle B	5628	9012
Parcelle C	6300	9180
Parcelle D	6840	8313

La récolte de la parcelle sans phosphate étant prise pour unité et égalée à 100, les rendements des quatre autres parcelles sont représentés par les chiffres suivants : A, grain 112, paille 116; — B, grain 101, paille 120; — C, grain 113, paille 122; — D, grain 123, paille 110.

La chaux apportée avec l'acide phosphorique a dû contribuer à l'élévation du taux des récoltes, mais il n'en reste pas moins démontré que les phosphates des scories Gilchrist ont exercé sur les rendements une influence supérieure, dans ces essais, à celle des superphosphates.

M. Fleischer a fait à la Station expérimentale de Brême des essais de fumures avec les scories Thomas sur des prairies tourbeuses de qualité moyenne; huit parcelles ont été mises en expérience. Les deux premières n'ont reçu de phosphates d'aucun genre; les trois suivantes ont été fumées au phosphate de chaux précipité, à la dose de 150 kilogr. d'acide phosphorique par hectare, et les trois autres ont reçu le même poids de ce corps sous forme de scories Thomas-Gilchrist.

Les engrais ont été répandus sur les prairies en février 1885; le 22 juillet suivant, on a récolté, à l'hectare, sur ces parcelles, les poids suivants d'herbe pesée à l'état frais :

	Quintaux métriq.
Sans phosphate	3035
Phosphate précipité	5075
Scories Thomas-Gilchrist	5065

M. Fleischer fait observer que ce résultat est d'autant plus intéressant que le sol de ces prairies tourbeuses est très riche en acide phosphorique, la tourbe sèche lui ayant donné 0,46 p. 100 d'acide phosphorique.

D'autres essais faits dans les prairies de Bœrger, en 1884, avec un mélange de 160 kilogr. de kaïnite et 120 kilogr. d'acide phosphorique, à l'état de phosphate précipité, sur une parcelle de 12 ares, et même quantité de kaïnite et d'acide phosphorique dans les scories Thomas, sur l'autre, ont donné, à l'hectare, les rendements suivants :

Avec le phosphate précipité	8200 kil. d'herbe.
Avec les scories Thomas-Gilchrist	8667 — —

Après les sols tourbeux de Brême, passons aux expériences faites dans la terre arable : sol siliceux, Lehm de Colmar, dans la province de Posen.

Un essai pour culture de betterave, fait par M. Hoyermann, a été conduit de la manière suivante :

En sol sablonneux léger (*Lehm*) reposant sur un sous-sol également sableux, M. Hoyermann a cultivé de la betterave à sucre dans deux pièces de terre fumées comme suit : pièce A, 600 kilogr. scories Thomas moulues et 300 kilogr. de salpêtre du Chili semés dans le sol labouré en hiver; pièce B, 400 kilogr. de chaux à

17 p. 100 d'acide phosphorique et 300 kilogr. de nitrate de soude. Dans les deux pièces, les betteraves sont venues également bien; on ne pouvait constater de différence d'une parcelle à l'autre, et la récolte a mûri également dans les deux.

La parcelle fumée aux scories a donné à l'hectare 28 600 kilogr. de betteraves à 15,19 p. 100 de sucre; la parcelle fumée au superphosphate, 28 400 kilogr. à 14,79 p. 100 de sucre. Dans cet essai, 600 kilogr. de scories ont produit autant de récolte que 400 kilogr. de superphosphate. 108 kilogr. d'acide phosphorique contenus dans les scories à l'état insoluble ont eu une influence équivalente à 68 kilogr. d'acide phosphorique soluble dans l'eau que renfermait le superphosphate.

M. Dangers, à Windhausen, a obtenu 35 120 kilogr. de betteraves à sucre à l'hectare avec les scories Thomas et 34 940 kilogr. avec le superphosphate.

M. Sarrazin, à Snieciska (Posen), a constaté les rendements comparatifs suivants, sur une terre à avoine de première qualité :

	Grain.	Paille.
	—	—
55 kil. superphosphate (*par journal de terre*, 0,23 hectare)...........................	595 kil.	2395 kil.
300 kil. scories Thomas (*par journal de terre*, 0,23 hectare)......................	690 kil.	2130 kil.

Citons encore une expérience de culture faite en 1884 en Silésie par M. le comte de Lippe. Dans un champ qui, de mémoire d'homme, déclare cet agriculteur, n'avait reçu de fumure d'origine animale, on a répandu, sur quatre parcelles différentes, 100 kilogr. de salpêtre du Chili associé à de la kaïnite et à des phosphates de nature diverse : superphosphate, phosphate précipité, scories Thomas; la récolte maxima a été obtenue en paille et grain avec les scories Thomas associées à la potasse et au salpêtre. L'année suivante, 1885, après avoir donné aux différentes parcelles une forte fumure d'engrais de ferme, on a planté des pommes de terre dans toutes les parcelles. Celles qui l'année précédente avaient été additionnées de phosphate précipité de scories de déphosphoration ont fourni une récolte double, environ, de celle des parcelles sans phosphate.

La conclusion naturelle de ce qui précède, c'est que les essais de fumure à l'aide de scories de déphosphoration s'imposent et qu'il y a lieu de faire, dès à présent, des expériences sur la culture de l'avoine, de l'orge, des betteraves, etc., en associant aux scories, employées à la dose de 600 à 1 500 kilogr. à l'hectare, suivant les sols, les engrais potassiques et azotés.

IX

EXPÉRIENCES DE DOWNTON ET DE FERRYHILL SUR LES SCORIES THOMAS-GILCHRIST

Expériences culturales sur la valeur fertilisante des scories de déphosphoration de la fonte, faites en Angleterre, en 1885, par MM. Wrightson et Munro au collège d'agriculture de Downton-Salisbury. — Valeur comparative des scories, des superphosphates, du phosphate précipité et des coprolithes.

Rien ne saurait, en agriculture, remplacer l'expérimentation directe et multipliée dans les sols de nature si diverse sur lesquels elle opère. C'est seulement de l'ensemble et de la comparaison d'essais d'une assez longue durée pour nous mettre à l'abri des causes d'erreur dépendant du climat et d'autres conditions que nous sommes impuissants à écarter, que peuvent résulter des indications précises sur le choix des fumures et la préférence à accorder à tel ou tel état chimique particulier des substances auxquelles nous avons recours pour fertiliser nos champs.

Porter à la connaissance des cultivateurs les résultats d'expériences faites avec méthode nous paraît un des services les plus grands qu'on puisse leur rendre.

Le praticien, en effet, a peu de loisirs ; il lui est difficile, pour toutes sortes de motifs, d'entreprendre des essais dont le résultat est douteux ; il court au plus pressé, ce dont on ne saurait s'étonner, et c'est aux expérimentateurs de profession à élucider, pour l'en faire profiter, les questions controversées ou les méthodes nouvelles.

L'emploi des phosphates insolubles en agriculture est, à l'heure qu'il est, une des plus importantes parmi ces questions non encore complètement résolues, et toutes les expériences bien faites doivent être vulgarisées dans le but de provoquer des vérifications indispensables pour fixer définitivement leur rôle. C'est dans la pensée qu'il y a là un service à rendre aux cultivateurs que je n'ai pas reculé devant un travail considérable pour faire connaître aux agriculteurs français des expériences fort intéressantes, faites en Angleterre sur les scories de déphosphoration de la fonte et publiées en février 1886 à Middlesborough.

Toutes les données numériques contenues dans le mémoire publié par le professeur J. Wrightson, président du collège d'agriculture de Downton, et par M. le docteur Munro, professeur de chimie au même collège, sont exprimées en mesures anglaises, acres, hundry-wights, quarter, livres, etc., ce qui en rend, pour tout autre qu'un Anglais, la lecture absolument impossible, avant transformation de ces chiffres en mesures métriques. Ce fastidieux travail de transformation ne m'a pas rebuté, et je serai amplement dédommagé de ma peine par l'intérêt que la publication de MM. Wrightson et Munro ne manquera pas d'avoir pour les agriculteurs français.

Les auteurs ont expérimenté comparativement dans deux sols absolument différents, en sol calcaire à Downton, en sol argileux dépourvu de chaux à Ferryhill, les engrais suivants : scories de déphosphoration, phosphate précipité et superphosphate fabriqués avec ces scories, superphosphate ordinaire et coprolithes. Tous les essais ont été faits en double dans les deux stations que je viens d'indiquer, sur trente-cinq parcelles contiguës, dont six sont restées sans fumure pour servir de témoins. Le sol a été parfaitement nettoyé, labouré, scarifié, hersé et roulé : ces opérations terminées, le 9 juin 1885, on a semé en ligne des navets de Suède et des turneps. Chaque lot, de quarante mètres superficiels, contenait quarante lignes de racines.

Les points principaux que MM. Wrightson et Munro ont eu en vue d'élucider dans ces essais de cultures sont les suivants :

1° Déterminer la valeur fertilisante des scories de déphosphoration et l'influence de quantités croissantes employées comme fumure unique ;

2° Comparer l'action fertilisante, à poids égaux, des scories, du superphosphate et des coprolithes ;

3° Comparer l'influence — à poids égaux d'acide phosphorique — de l'état sous lequel ce corps était fourni au sol (scories, superphosphate, phosphate précipité, coprolithes) ;

4° Expérimenter le phosphate précipité provenant des scories, comparativement avec les coprolithes;

5° Comparer le superphosphate avec les scories, à poids égal d'acide phosphorique;

6° Expérimenter divers mélanges de scories et de superphosphate;

7° Étudier l'action sur les récoltes du sulfate de protoxyde de fer contenu dans les scories;

8° Expérimenter des mélanges de scories brutes et de scories traitées par l'acide sulfurique;

9° Influence des scories employées comme fumure pour les prairies;

10° Enfin, déterminer la forme la plus favorable sous laquelle les scories doivent être employées comme engrais.

J'extrais d'une lettre que m'a adressée M. Munro l'analyse des terres de Downton et de Ferryhill faite sur la terre fine séchée à 100°, analyse qui a donné les résultats suivants :

	Downton.	Ferryhill.
	—	—
Humidité	....	7,500
Eau de combinaison et matières organiques	6,78	7,550
Carbonate de chaux	27,90	0,150
Peroxyde de fer et alumine	3,81	4,110
Silice soluble	0,28	.....
Acide phosphorique	0,25	0,054
Potasse	0,13	0,045
Magnésie	0,11	traces
Résidu insoluble dans les acides	60,70	80,500
	99,96	99,909
Azote de la matière organique	0,26	0,138

Ces chiffres montrent que le sol de Downton, très calcaire, tandis que celui de Ferryhill est presque complètement dépourvu de chaux, contient deux fois plus d'azote, cinq fois plus d'acide phosphorique et trois fois plus de potasse que le sol de Ferryhill. Il n'y a donc rien d'étonnant que l'emploi des divers phosphates, scories et autres, dans les deux champs, ait donné des résultats beaucoup plus considérables à Ferryhill qu'à Downton, comme on va le voir : ce qui peut surprendre, c'est que les phosphates ajoutés à une terre aussi riche en acide phosphorique que celle de Downton aient produit des effets notables et sensiblement doublé la récolte. Si l'on eût donné, en même temps que l'acide phosphorique, au sol argileux de Ferryhill, l'azote et la potasse en quantités équivalentes à celle qui lui manque, par rapport au sol de Downton, l'accroissement des rendements que la chaux et l'acide phosphorique ont quadruplé eût été sans doute bien plus considérable encore.

Ceci m'amène, avant de résumer les résultats de ces essais, à faire à leur sujet une observation générale qui me paraît importante. MM. Wrightson et Munro n'ont donné à leur sol aucune fumure azotée et potassique. Dans les expériences que nous instituons cette année à l'École Dombasle, nous avons fourni au sol de chacune des parcelles, qui a reçu un phosphate différent, des quantités identiques de potasse et de nitrate. L'acide phosphorique, donné lui-même en quantités égales sur chaque parcelle, ne diffère de l'une à l'autre que par son origine. (Voir chap. XVI.)

Dans les essais de Downton et Ferryhill, il en est tout autrement : l'absence de fumure azotée et potassique a dû modifier singulièrement les rendements; toutefois ces expériences remplissent une condition fondamentale; elles sont comparables entre elles, puisque l'acide phosphorique, à doses et sous des états divers, est la seule variable que leurs auteurs y ont introduite. Reste à savoir si l'addition des autres éléments importants pour la nutrition des plantes n'aurait pas eu l'avantage de placer les végétaux dans des conditions plus favorables à l'assimilation des phosphates. Les matières fertilisantes qui ont servi aux essais sont les suivantes :

1° Scories de déphosphoration provenant de la *North Eastern Steel Company*, de Middlesborough, et phosphate précipité obtenu à l'aide de ces scories par le procédé de Scheibler; ces deux matières présentent la composition moyenne que voici :

	Scories.	Phosphate précipité.
Chaux	41,54	29.91
Magnésie	6,13	0,63
Alumine	2,60	1,89
Protoxyde de fer	14,66	traces
Peroxyde de fer	8,64	3,62
Protoxyde de manganèse	3,81	0,56
Silice	7,40	7,53
Acide phosphorique	14,32	30,89
Acide sulfurique	0,31	5,13
Soufre	0,23	
Acide carbonique	—	0,28
Eau combinée	—	11,66
Humidité	—	7,06
	99,64	99,16

2° Superphosphate ordinaire, récemment préparé, donnant à l'analyse 12 p. 100 d'acide phosphorique soluble;

3° Superphosphate riche (de Curaçao), contenant 20,1 p. 100 d'acide phosphorique soluble;

4° Coprolithes de Cambridge, contenant 55 pour 100 de phosphate tribasique de chaux, soit 25 pour 100 d'acide phosphorique;

5° Mélanges divers de ces engrais types à indiquer plus loin.

Les sols sans fumure de Downton et de Ferryhill n'ont pas présenté une fertilité égale. Les six témoins de Downton ont donné, sans aucune addition d'engrais, un rendement moyen de 7304 kilogr. par hectare; les six parcelles correspondantes de Ferryhill, une récolte moyenne de 3 681 kilogr. seulement. Les auteurs font observer à ce sujet qu'il est reconnu en Angleterre que l'addition du superphosphate au sol met le navet de Suède et le turneps en état de résister aux insectes, et que les rendements des parcelles non fumées ont dû être abaissés par les ravages de l'insecte. Les conditions générales des essais étant connues, nous allons examiner successivement leurs résultats. Pour les présenter d'une manière simple, j'ai dû laisser de côté l'énumération des rendements obtenus dans chaque parcelle : j'ai groupé toutes les parcelles qui ont reçu le même traitement et j'ai rapporté à l'hectare, en kilogrammes, les rendements indiqués, dans le mémoire original, par parcelle et par acre en poids anglais.

I. *Valeur fertilisante des scories de déphosphoration.* — Chaque parcelle fumée aux scories était contiguë dans les deux champs d'expériences à une parcelle témoin. Le tableau I résume les résultats constatés à Downton et à Ferryhill avec des poids croissants de scories.

TABLEAU I.

NUMÉROS DES PARCELLES	POIDS DES SCORIES A L'HECTARE	RÉCOLTE A L'HECTARE AVEC FUMURE	RÉCOLTE A L'HECTARE SANS FUMURE	EXCÉDENT DE RÉCOLTE
Downton. — En sol calcaire.				
	Kil.	Kil.	Kil.	Kil.
7 et 18....	502	13,870	8,071	5,799
1 et 26....	879	11,194	7,468	3,726
31 et 35. ..	2,511	19,760	6,374	13,386
Ferryhill. — En sol argileux.				
	Kil.	Kil.	Kil.	Kil.
7 et 18....	502	16,302	2,968	13,834
1 et 26....	879	16,242	3,450	12,792
31 et 35....	2,511	18,743	4,625	14,118

Les parcelles fumées ont donné un excédent moyen de 7 637 kilogrammes à l'hectare en sol calcaire et un excédent de 13 581 kilogrammes en sol argileux.

La récolte a été plus que *doublée* par l'application de 1 300 kilogrammes environ de scories brutes à l'hectare en sol calcaire; elle a été plus que *quadruplée* pour la même dose en sol argileux. MM. Wrightson et Munro estiment que l'emploi d'une quantité de 1 300 kilogrammes à l'hectare répandue uniformément sur les champs d'expériences aurait donné un rendement moyen supérieur à celui obtenu. La plus-value moyenne de la récolte a atteint en argent 65 fr. à l'hectare à Downton et 119 fr. à Ferryhill, pour 1300 kilogrammes de scories.

Cette première série d'essais met trois faits en évidence, savoir :

1° Qu'en sol calcaire , comme en sol argileux, dépourvu de chaux, les scories opèrent une action fertilisante marquée et plus que double en faveur du sol argileux, comme il était naturel de s'y attendre;

2° Que la dose considérable de 2500 kilogr. de scories à l'hectare, qui a donné le rendement maximum, n'exerce aucune action fâcheuse par suite de l'oxyde de fer au minimum qu'elle contient. On peut donc appliquer sans crainte plus de deux tonnes de scories par hectare dans les essais de culture de céréales de printemps, que je recommande aux cultivateurs d'entreprendre dès à présent.

3° Le rôle attribué généralement en Angleterre au superphosphate, en ce qui concerne la résistance que les plantes racines opposent à l'invasion de la mouche (*fly*) du turneps, doit être étendu à tous les phosphates insolubles (précipité, coprolithes, scories), contrairement à l'opinion admise jusqu'ici de l'autre côté de la Manche. L'année 1885, comme le font observer MM. Wrightson et Munro, a été tout à fait défavorable aux essais de culture des racines en particulier. Extrêmement sèche depuis et même avant l'époque de la semaille, la saison n'a pas favorisé le développement des jeunes plantes pour les mettre en état de résister à l'action de l'insecte. L'expérience peut donc être considérée comme concluante. Le relevé suivant présente le nombre de turneps récolté par parcelle soumise à l'action des diverses formes de phosphate et comparé au nombre récolté sur les parcelles sans fumure.

Nature des fumures.	Nombre de plantes récoltées par parcelle.	
	Downton.	Ferryhill.
Scories	2936	1853
Superphosphate	2856	1861
Phosphate précipité	2732	1682
Coprolithes	2657	1802
Rien	2363	362

A Ferryhill, l'action des phosphates sur le nombre des pieds récoltés a été très sensible ; à Downton, elle l'est infiniment moins. En tout cas, l'influence attribuée au superphosphate devrait être étendue à tous les phosphates insolubles, car tous les lots fumés ont été préservés à peu près sensiblement au même degré de l'invasion destructive des insectes.

II. *Comparaison des scories, du superphosphate minéral et des coprolithes employés en sol calcaire et en sol argileux.* — Douze parcelles ont été consacrées à ces expériences comparatives : une moitié à Downton, l'autre moitié à Ferryhill. Dans ces essais on a employé la même quantité en poids de chacun des engrais, mais non pas la même quantité d'acide phosphorique à divers états. On a répandu à l'hectare 502 kilogr. de scories, de superphosphate ou de coprolithes, selon les cas. Le tableau II résume ces divers essais : les chiffres qu'il contient sont rapportés à l'hectare et représentent la moyenne du double essai fait dans les deux champs d'expériences. La base de ces expériences est l'emploi de 502 kilogr. de superphosphate minéral à l'hectare, poids considéré en Angleterre comme une bonne fumure phosphatée pour racines.

TABLEAU II.

NUMÉROS DES PARCELLES	NATURE ET QUANTITÉS D'ENGRAIS A L'HECTARE	RÉCOLTE A L'HECTARE	RÉCOLTE SANS ENGRAIS	EXCÉDENT EN FAVEUR DES ENGRAIS
Downton. — Sol calcaire.				
	Kil.	Kil.	Kil.	Kil.
8 et 34....	502 superphosphate.	15,266	5,163	10,103
7 et 18....	502 scories.........	13,050	8,073	5,577
2 et 23....	502 coprolithes.....	8,026	6,207	1,819
Ferryhill. — Sol argileux.				
	Kil.	Kil.	Kil.	Kil.
8 et 34....	502 superphosphate.	14,900	4,033	10,867
7 et 18....	502 scories.........	17,066	2,968	14,098
2 et 28....	502 coprolithes.....	13,822	4,033	9,789

Ces résultats sont des plus intéressants. « Ce fait, disent MM. Wrightson et Munro, que les scories brutes contenant 14,3 p. 100 d'acide phosphorique donnent des rendements supérieurs à ceux obtenus avec même poids de coprolithes brutes à 25,1 p. 100 d'acide phosphorique, autorise à conclure que les phosphates des scories sont plus assimilables pour ces plantes que le phosphate de chaux minéral des coprolithes. » Il sera important de vérifier le fait par de nouvelles expériences portant sur diverses espèces de récoltes.

Dans le sol argileux, les scories ont donné de meilleurs résultats, à poids égal, que le superphosphate à 12 p. 100 d'acide soluble dans l'eau. Les scories sont, en effet, très facilement décomposables dans le sol, ce qui explique leur action. On remarquera les différences considérables qui existent entre l'action des trois engrais dans le sol calcaire de Downton. Ici l'action des superphosphates l'emporte notablement sur celle du phosphate insolubles. C'est un fait constant que l'emploi des phosphates minéraux insolubles donne de beaucoup meilleurs résultats dans les sols argileux ou silicéo-argileux que dans les sols calcaires, ce qui doit tenir en grande partie à la chaux qu'ils apportent dans une terre où cette substance fait défaut.

Les résultats du champ de Ferryhill confirment pleinement les expériences faites pendant huit ans à la Station agronomique de l'Est, de 1871 à 1878, sur la valeur comparative du phosphate minéral, du phosphate précipité et du superphosphate [1] : ce sont ces expériences qui m'ont amené à préconiser, il y a plus de douze ans, au point de vue économique, la substitution, au moins dans des sols analogues à celui de

1. Voir chapitre IV, pages 43 et suiv.

mon champ d'expériences (argilo-siliceux), des phosphates insolubles au superphosphate.

En résumé, on ne saurait plus douter aujourd'hui de la faculté qu'ont les plantes d'assimiler l'acide phosphorique à l'état complètement insoluble dans l'eau. Les essais à faire doivent porter principalement sur la nature du sol, afin d'établir définitivement l'influence de ses principaux éléments sur cette assimilation.

III. *Essais comparatifs de scories et de superphosphate contenant des poids égaux d'acide phosphorique.* — MM. Wrightson et Munro ont employé, dans les huit parcelles consacrées deux à deux à ces expériences, 72 kilogr. d'acide phosphorique par hectare, à l'état de scories (502 kilogr. à l'hectare) et de superphosphate à 12 p. 100 (605 kilogr. à l'hectare). Les résultats sont les suivants :

TABLEAU III.

NUMÉROS DES PARCELLES	FUMURES	RENDEMENT A L'HECTARE	RENDEMENT SANS FUMURE	EXCÉDENT DE RÉCOLTE
	Downton. — Sol calcaire.			
		Kil.	Kil.	Kil.
21 et 24...	Superphosphate...	18,840	7,287	11,553
7 et 18...	Scories..........	13,870	8,071	5,799
	Ferryhill. — Sol argileux.			
		Kil.	Kil.	Kil.
21 et 24...	Superphosphate...	21,019	3,370	17,649
7 et 18...	Scories..........	16,802	2,968	13,834

L'acide phosphorique à dose égale a produit moins de récolte avec les scories qu'avec le superphosphate; la différence est surtout sensible pour le sol calcaire. Pour apprécier d'une manière absolue la valeur de ces essais, il faudrait faire entrer en ligne de compte le prix de l'acide phosphorique sous ces deux formes. L'acide phosphorique dans le superphosphate coûtant trois fois plus cher que l'acide phosphorique des scories, on voit que l'avantage reste encore, dans les cas précédents, à l'emploi des scories.

IV. *Comparaison de l'influence des scories, du phosphate précipité préparé avec les scories et des coprolithes, à poids égal d'acide phosphorique.* — Les fumures expérimentées sont les suivantes, à l'hectare : coprolithes à 25,1 p. 100 d'acide phos-

TABLEAU IV.

NUMÉROS DES PARCELLES	FUMURES	RENDEMENT A L'HECTARE	RENDEMENT SANS FUMURE	EXCÉDENT DE RÉCOLTE
	Downton. — Sol calcaire.			
		Kil.	Kil.	Kil.
3 et 32....	Phosphate précipité............	16,547	8,550	7,997
1 et 26....	Scories...........	11,244	7,468	3,776
2 et 28....	Coprolithes.......	7,029	6,207	802
	Ferryhill. — Sol argileux.			
		Kil.	Kil.	Kil.
3 et 32....	Phosphate précipité............	16,784	3,412	13,372
1 et 26....	Scories...........	16,242	3,445	12,797
2 et 28....	Coprolithes.......	14,196	4,033	10,163

phorique, scories à 13,3 p. 100, phosphate précipité à 30,9 p. 100, à doses telles que chaque parcelle fumée reçoive 126 kilogr. d'acide phosphorique réel. Les résultats sont consignés dans le tableau IV.

Là encore, la différence des rendements résultant de la nature chimique du sol est des plus manifestes. Très voisins dans le sol argileux, les rendements des trois formes d'acide phosphorique s'écartent beaucoup dans le sol calcaire.

Le phosphate précipité, dans le cas des sols argileux, peut très avantageusement être remplacé par le phosphate brut, car il faut noter que le phosphate précipité expérimenté à Ferryhill provient du traitement par l'acide sulfurique des scories employées conjointement et contient, par conséquent, les mêmes éléments. L'action des coprolithes en sol calcaire a été peu favorable; en sol argileux, elle atteint environ 70 p. 100 de celle du phosphate précipité; elle s'est montrée là, comme dans mes expériences, beaucoup plus économique que celle du phosphate précipité.

V. *Comparaison de l'action du phosphate précipité de scories avec le superphosphate, à poids égal à l'hectare, d'acide phosphorique.* — On a expérimenté à la dose d'environ 60 kilogr. d'acide phosphorique à l'hectare du superphosphate ordinaire à 12 p. 100, du superphosphate riche à 20 p. 100 et du phosphate précipité à 31 p. 100 d'acide phosphorique.

Les résultats moyens sont consignés dans le tableau V.

TABLEAU V.

NUMÉROS DES PARCELLES	FUMURES	RENDEMENT A L'HECTARE	RENDEMENT SANS FUMURE	EXCÉDENT DE RÉCOLTE
	Downton. — Sol calcaire.			
		Kil.	Kil.	Kil.
8 et 34...	Superphosphate à 12 p. 100.......	15,183	6,207	8,976
4 et 29...	Superphosphate à 20 p. 100.......	13,393	8,666	4,727
10 et 33...	Phosphate précipité à 31 p. 100.	12,543	7,388	5,155
	Ferryhill. — Sol argileux.			
		Kil.	Kil.	Kil.
8 et 34...	Superphosphate à 12 p. 100.......	14,911	4,033	10,878
4 et 29...	Superphosphate à 20 p. 100.......	16,158	2,533	13,625
10 et 33...	Phosphate précipité à 31 p. 100.	13,609	3,993	9,616

MM. Wrightson et Munro font justement remarquer que les résultats obtenus avec le phosphate précipité et le superphosphate riche sont plus irréguliers que ceux fournis par l'emploi du superphosphate pauvre, ce qu'ils attribuent à la difficulté de répartir également dans le sol un engrais riche sous un petit volume, comparativement à un engrais plus pauvre et qu'on emploie par suite en plus grande quantité.

Dans les sols argileux, ajoutent-ils, le phosphate précipité donne des résultats égaux et quelquefois supérieurs à ceux du superphosphate; dans les sols calcaires, l'avantage, à poids égal d'acide phosphorique, reste au superphosphate. A Downton (sol calcaire), le phosphate précipité s'est en général montré plus actif que le phosphate minéral (coprolithes); à Ferryhill, en sol argileux, les trois formes d'acide phosphorique tendent à s'équivaloir au point de vue de la fertilisation de la terre.

VI. *Essai des scories sur le rendement des prairies.* — L'emploi des scories pour fumure de prairie, comparativement aux autres matières phosphatées, a conduit MM. Wrightson et Munro à des résultats favorables, que je crois utile de rapporter.

En juin 1884, on a délimité, dans la ferme attenant au collège d'agriculture de Downton, sept parcelles de terrains en prairies depuis quelques années. A la même époque, ces sept parcelles ont reçu la moitié des fumures indiquées pour chacune d'elles dans le tableau suivant; l'autre moitié leur a été appliquée à la fin de mars 1885. Au commencement de juin dernier, on a fauché les parcelles et transformé l'herbe en foin qu'on a pesé avant de le rentrer.

TABLEAU VI.

NUMÉROS DES PARCELLES	FUMURES A L'HECTARE	QUANTITÉS D'ACIDE PHOSPHORIQ. A L'HECTARE	POIDS DES FOINS A L'HECTARE	EXCÉDENT SUR LES RÉCOLTES SANS FUMURE
	Kil.	Kil.	Kil.	Kil.
7.........	5,018 scories.......	756	5,066	1,750
8.........	503 scories + 502 superphosphate..	137	4,660	1,344
1.........	1,004 scories.......	151	4,626	1,310
2.........	502 coprolithes....	126	4,179	863
5.........	1,004 plâtre........		4,045	729
3.........	502 superphosphate.	62	3,672	356
6.........	Rien.............	rien	3,316	

Ces résultats ne présentent pas tout l'intérêt qu'ils auraient si le sol eût été très pauvre en acide phosphorique. La récolte obtenue sur la parcelle amendée par le plâtre montre que les plantes qui constituaient ces prairies ont trouvé dans la terre une quantité considérable d'acide phosphorique. Cependant le lot n° 7 est particulièrement intéressant : cet essai montre que, à la dose énorme de 5000 kilogrammes par hectare, les scories de déphosphoration de la fonte non seulement ne sont pas nuisibles, comme on aurait pu le craindre, en raison de leur forte teneur en sels de fer et de manganèse non complètement oxydés, mais encore que ces cinq tonnes de scories ont produit un excédent de plus d'un tiers de récolte par rapport à la parcelle sans fumure.

MM. Wrightson et Munro ont institué parallèlement aux expériences dont le résumé précédent donne, je l'espère, une idée assez complète, des essais faits dans les mêmes champs d'expériences en vue de déterminer la valeur fertilisante des scories transformées en superphosphate et de mélanges divers de scories, de phosphate précipité et de superphosphate. Les scories renfermant 15 à 18 pour cent de protoxyde de fer et de manganèse, les expérimentateurs anglais ont également étudié l'influence du sulfate de fer associé aux phosphates.

VII. *Mélanges de superphosphate et de scories brutes.* — Un brevet d'invention a été pris en Angleterre (sous le n° 250. A. D. 1885) pour l'application des scories à la fabrication des superphosphates et pour tous mélanges de superphosphate riche et de scories.

TABLEAU VII.

NUMÉROS DES PARCELLES	FUMURE A L'HECTARE	RÉCOLTE A L'HECTARE AVEC FUMURE	RÉCOLTE A L'HECTARE SANS FUMURE	EXCÉDENT DE RÉCOLTE
	Downton. — Sol calcaire.			
	Kil.	Kil.	Kil.	Kil.
4 et 29...	314 superphosphate.	13,393	8,157	5,236
5 et 30...	314 superphosphate. 126 scories........	14,083	8,480	5,603
	Ferryhill. — Sol argileux.			
	Kil.	Kil.	Kil.	Kil.
4 et 29...	314 superphosphate.	16,156	2,532	13,624
5 et 30...	314 superphosphate. 126 scories........	19,137	2,089	17,048

En traitant un superphosphate riche par les scories finement broyées, dans le rapport de 2 parties 1/2 de superphosphate à 22,24 p. 100 d'acide phosphorique soluble, pour une partie de scorie, l'industrie livre un engrais contenant 22,3 p. 100 d'acide phosphorique dont 9 p. 100 soluble dans l'eau, 7,5 p. 100 soluble dans le citrate et 5,7 p. 100 d'insoluble. MM. Wrightson et Munro ont expérimenté comparativement l'action du superphosphate de chaux (à 22 p. 100) seul ou mélangé aux scories, afin de constater si, comme le prétendaient certains agriculteurs, l'addition de scories au superphosphate de chaux ordinaire pouvait nuire à l'action de ce dernier. Le tableau VII résume les résultats moyens des parcelles consacrées à cet essai comparatif.

On peut donc employer sans crainte simultanément le superphosphate et les scories, le mélange des deux fumures ayant donné, dans les deux sols, un excédent très notable de récolte sur les parcelles sans engrais.

VIII. *Scories dissoutes par l'acide sulfurique, superphosphate ferrugineux.* — On a fait en Angleterre une objection fondamentale à l'emploi des scories comme matière première de la fabrication des superphosphates : cette objection était tirée de la richesse des scories en protoxyde de fer, devant donner du sulfate de fer, poison énergique pour les végétaux, suivant toute probabilité, parce qu'il enlève au sol une partie de l'oxygène nécessaire au fonctionnement des racines. On sait, en effet, qu'un sol qui renferme en minime proportion du sulfate de fer est tout à fait stérile, alors même qu'il est pourvu de tous les éléments utiles à la végétation.

En traitant les scories par l'acide sulfurique, on obtient un superphosphate ferrugineux qui renferme 5 p. 100 environ d'acide phosphorique et 11 p. 100 de sulfate de fer. Quatre séries d'expériences ont été instituées à Downton et à Ferryhill pour étudier l'action comparative du superphosphate de chaux pur, du superphosphate additionné de scories, des scories dissoutes dans l'acide sulfurique (superphosphate ferrugineux) et du sulfate de fer seul. Je résume dans le tableau VIII les résultats de ces essais, auxquels vingt-huit parcelles ont été consacrées dans les champs de Downton et de Ferryhill.

TABLEAU VIII.

NATURE DE LA FUMURE A L'HECTARE	RÉCOLTE A L'HECTARE AVEC FUMURE	RÉCOLTE SANS FUMURE	EXCÉDENT OU DÉFICIT
	Downton.		
Kil.	Kil.	Kil.	Kil.
605 superphosphate.......	18,840	7,300	11,540
695 superphosphate....... 151 sulfate de fer.........	11,585	6,941	4,644
504 superph. ferrugineux..	10,470	8,515	1,955
250 sulfate de fer.........	2,700	4,500	— 1,800 (déficit)
	Ferryhill.		
Kil.	Kil.	Kil.	Kil.
695 superphosphate.......	21,019	3,496	17,523
605 superphosphate....... 151 sulfate de fer.........	15,137	2,840	12,297
504 superph. ferrugineux..	9,255	1,708	7,547
250 sulfate de fer.........	134	661	— 527 (déficit)

Ces résultats mettent hors de doute l'action nuisible du sulfate de protoxyde de fer. Les rendements des parcelles fumées au phosphate seul sont très supérieurs à celui des parcelles qui ont reçu un mélange de phosphate et de sulfate de fer ; enfin, le sulfate de fer seul, à la dose de 250 kil. à l'hectare, est décidément un poison pour la végétation. Cette dose de 250 kil. à l'hectare représente environ 0,08 p. 100 de terre ($\frac{8}{10000}$), si l'on admet, pour le poids de la couche superficielle d'un hectare, 3 millions de kilogrammes et si l'on suppose ces 250 kilogrammes de sulfate de fer également répartis dans cette couche. Le superphosphate ferrugineux obtenu directement avec les scories est beaucoup moins toxique que le sulfate seul, mais il y a lieu de donner la préférence aux scories brutes finement broyées.

Arrivés au terme de leur étude, MM. Wrightson et Munro posent ce point d'interrogation : Quelle est la forme sous laquelle les scories doivent de préférence être employées à la fumure du sol?... La réponse à cette question fort importante pour la pratique se trouve dans les nombres du tableau suivant, qui résume les essais de Downton et Ferryhill en 1885.

TABLEAU IX.

NATURE DES ENGRAIS	FUMURES A L'HECTARE	QUANTITÉS D'ACIDE PHOSPHORIQUE A L'HECTARE	EXCÉDENT DE RÉCOLTES A L'HECTARE	
			FERRYHILL (sol argileux)	DOWNTON (sol calcaire)
	Kil.	Kil.	Kil.	Kil.
1. Scories brutes.....	502	72	14,283	5,918
2. Scories dissoutes...	502	72	7,547	2,110
3. { 1/2 scories brutes. 1/2 scories dissoutes............ }	502	72	11,037	1,445
4. { 1/4 scories brutes. 3/4 scories dissoutes............ }	502	72	5,036	493
5. Scories brutes.....	877	126	12,788	3,724
6. Scories brutes.....	2,510	358	15,370	13,349
7. Phosphate précipité de scories........	190	59	10,749	5,052
8. Phosphate précipité de scories........	393	122	13,364	7,885
9. Scories brutes et superphosphate.......	18	18	3,420	872

Ce dernier mélange a produit, comparativement au superphosphate employé seul, un excédent de 3420 kil. à Ferryhill et de 872 à Downton sur les parcelles non fumées.

L'inspection de ce tableau récapitulatif montre que dans le sol argileux de Ferryhill, très pauvre en acide phosphorique et presque dénué de chaux, la meilleure fumure, tout bien considéré, a été la scorie brute à la dose de 500 kilogr. à l'hectare. En augmentant le taux de scories, on n'a, en aucun cas, obtenu un excédent de récolte proportionnel à cette augmentation.

A Ferryhill, le phosphate précipité préparé à l'aide des scories, employé à la dose de 400 kilogr. environ à l'hectare, a donné un excédent de récolte presque égal à celui qu'ont fourni les scories brutes; mais, comme l'acide phosphorique précipité revient, par tonne d'engrais, à un prix à peu près triple de celui de la scorie brute, son emploi ne saurait être considéré comme économique.

A Downton, la récolte maximum a été obtenue par l'emploi de 2 500 kilogr. de scories brutes à l'hectare. C'est donc, de beaucoup, sous cette forme que les scories de déphosphoration sont d'une application économique dans les sols calcaires. MM. Wrightson et Munro font observer, dans une note finale, que les scories employées étaient grossièrement pulvérisées et que les effets auraient été bien plus marqués, suivant toute probabilité, si elles eussent été en poudre impalpable comme les phosphates minéraux livrés par l'industrie à l'agriculture.

Les résultats obtenus en Angleterre confirment pleinement, on le voit, ceux que les agronomes allemands ont publiés et que j'ai analysés dans le précédent chapitre. Les scories de déphosphoration sont appelées à jouer un rôle considérable dans la fumure du sol; des négociants ont déjà traité avec quelques-unes des importantes usines de l'Est (Alsace-Lorraine notamment), pour l'achat de toute leur production de scories ; des installations spéciales ont été faites dans les aciéries pour séparer l'acier des scories : divers procédés de mouture de ces scories sont essayés, et, d'ici à peu de temps, la poudre de scorie aura sa place marquée dans le commerce des matières fertilisantes riches en acide phosphorique.

Quelques agriculteurs m'ont demandé si la grosseur relativement considérable du grain des scories, comparée à l'état impalpable des phosphates naturels, ne constituait pas, pour les premières, une infériorité très marquée sur les secondes. Sans nul doute, plus un engrais est divisé comme je l'ai dit plus haut, plus son action, toutes choses égales d'ailleurs, sera énergique. Mais, quand on examine de près la composition chimique des scories, on reconnaît que le degré de finesse est ici beaucoup moins important que dans le cas des phosphates minéraux. En effet, la désagrégation ultérieure des phosphates en poudre dans le sol doit être extrêmement lente, et, par suite, plus ils seront finement moulus avant d'être introduits dans le sol, plus grande sera leur action. Les scories, au contraire, ont une constitution chimique qui favorise énergiquement leur désagrégation spontanée dans la terre. La présence d'une grande quantité de chaux en partie libre d'une part, celle d'un poids élevé de protoxyde de fer et de manganèse de l'autre, doivent amener dans un temps relativement court, par la carbonatation de la chaux et par l'oxydation du fer et du manganèse, une dissociation physique des éléments qui composent ces scories. Elles exigent, par conséquent, une division moins grande que les coprolithes ou que les phosphorites avant leur addition au sol.

Sans se hâter de généraliser et d'étendre à tous les sols les conclusions favorables qui ressortent des essais de fumure faits à l'aide des scories, je crois qu'on peut affirmer leur efficacité et engager hardiment les cultivateurs à les expérimenter dans celles de leurs terres qui manquent d'acide phosphorique et de chaux, ce qui va souvent de pair. C'est en multipliant les essais qu'on arrivera à des conclusions susceptibles de généralisation. Je persiste à penser qu'il ne faut pas se borner à employer les phosphates seuls dans les expériences de culture, mais bien les associer aux quantités d'azote et de potasse que réclament les récoltes qu'on a en vue, étant donnée la composition du sol sur lequel on opère.

Je crois avoir résumé aussi fidèlement que possible les intéressantes expériences faites à l'école de Downton, et la conclusion qui s'en dégage me semble des plus nettes. Les procédés de déphosphoration de la fonte imaginés par MM. Thomas et Gilchrist promettent à l'agriculture des résultats non moins importants que ceux qu'ils ont donnés dans l'industrie métallurgique. La source inattendue d'acide phosphorique dont la découverte de MM. Thomas et Gilchrist ont doté l'agriculture deviendra chaque jour plus abondante, à mesure que l'application de leur découverte à la métallurgie de l'acier s'étendra à de nouvelles usines. Les expériences culturales faites en Allemagne et en Angleterre sont décisives, en ce sens que l'efficacité de l'acide phosphorique contenu dans les scories est, par elles, mise hors de doute; il s'agit maintenant de fixer par des essais multipliés la valeur relative de ces scories, suivant la nature du sol et celle des récoltes qu'on lui demande.

Tout en reconnaissant la simplification apportée dans les essais de culture par l'emploi des scories seules et de leurs produits, à l'exclusion d'addition d'azote et de potasse, j'engage les cultivateurs à additionner les scories de sels de potasse et d'engrais azotés, partout où les deux éléments n'existent pas dans le sol en quantité suffisante. J'ai la conviction que les expériences basées sur l'emploi simultané des trois éléments fertilisants, par excellence, donneront des résultats plus importants encore que ceux des essais faits avec les phosphates seulement.

C'est principalement dans les sols dépourvus de chaux (argileux ou siliceux) que se recommande l'emploi des scories de déphosphoration. Les terres qui ont besoin d'être chaulées sont particulièrement indiquées comme devant être singulièrement améliorées par les scories. En effet, tout en donnant à la terre, par l'application d'une tonne de scories à l'hectare, 150 à 170 kilogr. d'acide phosphorique, on lui apporte en même temps 400 kilogr. environ de chaux, dont un tiers à peu près à l'état de chaux libre, agissant comme le chaulage. Quant au degré de pulvérisation des scories, sans nul doute important, je persiste à le considérer comme beaucoup moins essentiel pour les scories que pour les phosphates naturels, en raison des quantités de chaux, de magnésie et de protoxydes métalliques que renferment les scories, dont elles amèneront très promptement la désagrégation dans le sol. En tout cas, il ne faudrait pas que l'opération mécanique ayant pour objet la pulvérisation de la scorie entraînât des frais assez élevés pour augmenter sensiblement le prix de vente de ce produit, dont le bon marché, eu égard à sa richesse, doit rester l'un des principaux avantages.

Je désire, en terminant, appeler l'attention de mes lecteurs sur un fait que les expériences de Downton mettent en évidence d'une façon remarquable : le sol du champ de Downton contient 0,25 p. 100 d'acide phosphorique dans la couche d'une épaisseur de 30 centimètres. Cette teneur représente le chiffre énorme de 7 500 kilogr. d'acide phosphorique à l'hectare. L'addition à cette terre de moins d'un centième de cette teneur, soit de 72 kilogr. d'acide phosphorique à l'hectare, a suffi pour donner, suivant l'état particulier du phosphate ajouté, des excédents de récolte de 12 à 18 000 kilogr. à l'hectare. On voit par là, ce que savent tous ceux qui ont étudié le sol dans ses rapports avec la nutrition de la plante, qu'on ne peut considérer *a priori* la réserve du sol en principes fertilisants comme ayant une valeur agricole et, partant, une valeur argent comparable à celle des matières que l'on y introduit par la fumure.

Les cultures successives emmagasinent dans la terre, tant par la portion des fumures qu'elles n'ont pas utilisée que par les résidus des végétaux qu'on n'enlève pas à la récolte, des masses considérables d'azote, de potasse, d'acide phosphorique, dont il faut tenir compte, mais auxquelles on ne saurait, sans commettre des erreurs colossales, attribuer la valeur vénale des substances fertilisantes, de même richesse en principes actifs, que nous donnons au sol sous forme de fumures complémentaires.

X

EXPÉRIENCES CULTURALES DE TOMBLAINE EN 1885

Les champs d'expériences de l'École Mathieu de Dombasle en 1885. — Résultats des essais de culture de dix-sept variétés de blé. — Confirmation des résultats obtenus en 1884. — L'agriculture intelligente et les tarifs douaniers.

Les expériences agricoles, pour avoir toute leur valeur et permettre des déductions certaines, doivent remplir deux conditions fondamentales : il faut d'abord que chacun des termes de l'expérimentation soit nettement défini (nature et composition du sol et des fumures, variétés des semences, etc.) ; en second lieu, les essais doivent être suffisamment prolongés pour écarter les causes accidentelles de trouble dans les résultats (intempéries, sécheresse ou humidité trop grande, etc.). De plus, pour autoriser des conclusions économiques, les expériences de culture exigent une comptabilité qui tienne compte de tous les éléments de dépense. Les essais de culture du blé entrepris et poursuivis sans interruption à l'École

Mathieu de Dombasle depuis quatre années nous semblent remplir ces conditions, et nous soumettons avec confiance aux agriculteurs les conclusions qui en découlent.

La thèse que nous avons soutenue dans notre *Étude sur la production agricole* [1] est pleinement justifiée par les résultats de la campagne de 1885. Nous affirmions qu'un droit de 3 francs par quintal serait de nul effet pour le producteur français dans les conditions présentes de l'agriculture; nous proclamions, en outre, la supériorité absolue des améliorations culturales sur les mesures douanières pour la production rémunératrice du blé; nous indiquions que le relèvement de cette culture ne peut venir que de la diminution du prix de revient du produit et non d'un droit à l'entrée frappant les céréales étrangères. Sur le premier point, l'expérience de l'année écoulée depuis la publication de notre étude nous a pleinement donné raison : le blé valait, en moyenne, 21 fr. le quintal, au moment où le Parlement a revisé la loi douanière; aujourd'hui il se vend 21 francs encore; rien n'est donc changé. Sur le second, abaissement très notable du prix de revient par une fumure appropriée et par un bon choix de semences, les expériences dont nous allons faire connaître les résultats confirment, en les accentuant encore, les faits sur lesquels nous nous sommes appuyé en décembre 1884 et en janvier 1885 pour repousser les mesures pro-

1. In-8°, Berger-Levrault et Cie, 1885.

tectionnistes et indiquer l'ordre de réformes législatives et agricoles appelées, suivant nous, à aider puissamment au relèvement de l'agriculture française.

Le champ consacré aux expériences sur le blé à l'École Mathieu de Dombasle en 1884-1885 avait une surface de deux hectares. Dix-sept variétés de blé y ont été cultivées sur des parcelles d'une superficie variant entre 5 et 25 ares. Le sol du champ d'expériences est très homogène, pauvre en azote, acide phosphorique et potasse; il avait porté de l'avoine en 1884.

La fumure, identique pour toutes les parcelles, sauf la légère différence que j'indiquerai plus loin, était composée de fumier, de phosphate tribasique de chaux et de nitrate de soude. Je reviendrai plus loin sur la composition chimique de la fumure et sur celle du sol, voulant d'abord faire connaître les résultats généraux des essais.

La dépense totale à l'hectare, relevée très soigneusement par M. Thiry dans la comptabilité de l'École Mathieu de Dombasle, s'est élevée à 400 francs, répartis de la manière suivante :

1 000 kil. de phosphate tribasique de chaux, à 70 francs, ci	70 fr.
20 mètres cubes fumier Goux sur moitié du champ, à 6 fr. le mètre cube 30 mètres cubes fumier de ferme, à 4 fr. le mètre cube, sur l'autre moitié	120
150 kilogr. de nitrate de soude, à 28 fr. les 100 kil...	42
Dépense totale pour fumure.....	232 fr.

Les frais de culture, récolte, frais généraux se répartissent comme suit :

Fermage	70 fr.
Déchaussage de l'avoine au cultivateur Coleman	15
Labours à la charrue	25
Ensemencement et hersage	10
Semence 200 litres à 20 fr. l'hectolitre	40
Binage et sarclage	25
Moisson, liage et transport	30
Battage	20
Intérêts du matériel et frais généraux	33
Total	268 fr.

En récapitulant ces deux comptes, on arrive au résultat suivant :

Fermage	70 fr.
Fumure	232
Culture et frais généraux	198
Total	500
D'où il faut déduire, pour engrais non épuisés	100
Reste pour la dépense à l'hectare	400 fr.

Nous réunissons, dans le tableau ci-dessous, l'indication des variétés cultivées, les rendements (rapportés à l'hectare) en blé et en paille pour chacune d'elles et le poids de l'hectolitre de grain :

NUMÉROS DES PARCELLES	NOMS DES VARIÉTÉS	RENDEMENT PAR HECTARE EN QUINTAUX		POIDS DE L'HECTOLITRE
		GRAIN	PAILLE	
		q. m.	q. m.	kilogr.
1........	Square head..........	34,71	57,70	79
2........	Hickling..............	33,67	60 »	79
3........	Dattel................	31,79	58,86	79,5
4........	Bordeaux..............	30,48	48 »	81,5
5........	Lamed.................	30,33	61,66	80
6........	Blood red.............	30,18	57,80	81
7........	Australie.............	30,20	73,21	79
8........	Haie..................	29,57	65 »	79
9........	Galand................	27,19	56,35	75
10........	Aleph.................	26,14	78,74	78
11........	Goldendrop............	25,86	62,32	80
12........	Poulard blanc lisse.....	25,39	41 »	77
13........	Zélande...............	25,21	58,82	80
14........	Hunter White.........	24,45	68,52	78
15........	Blanc de Flandre......	21,02	38,32	80
16........	Victoria..............	19,97	52,50	80
17........	Chiddam d'automne....	18,31	38,23	79
	Moyenne générale...	27.68	57.47	79

Le rendement moyen du champ d'expériences s'est donc élevé à plus du double du rendement moyen en Lorraine, qui, d'après les renseignements que nous avons pu recueillir, n'excède pas pour la variété du blé de pays et dans les conditions ordinaires de fumure 11 à 12 quintaux. Nous examinerons plus loin la part qu'il est possible d'attribuer dans cette augmentation du rendement à la fumure et à la nature de la semence. Je crois préférable de me restreindre d'abord à l'exposé des résultats bruts de nos essais de cette année.

Voyons maintenant quelle est la valeur argent de

ces récoltes. Je suivrai pour l'évaluer les règles que j'ai adoptées l'an dernier dans mon *Étude sur la production agricole*, prenant pour base de mes calculs le prix vénal du blé et de la paille au lieu de production : soit 21 francs par quintal de blé et 44 francs les mille kilogrammes de paille. D'après ces données, la valeur de la récolte et le bénéfice net à l'hectare s'établissent comme suit :

NOMS DES VARIÉTÉS	VALEUR EN ARGENT		VALEUR TOTALE	BÉNÉFICE PAR HECTARE [1]
	GRAIN	PAILLE		
	fr. c.	fr. c.	fr. c.	fr. c.
1. Square head	728 91	253 88	982 79	582 79
2. Hickling	707 07	264 »	971 07	571 07
3. Dattel	667 38	258 98	926 36	526 36
4. Bordeaux	640 08	211 20	851 28	451 28
5. Lamed	636 93	271 30	908 23	508 23
6. Blood red	633 78	254 32	888 10	488 10
7. Australie	634 20	322 12	956 32	556 32
8. Haic	620 97	286 »	906 97	506 97
9. Galand	570 99	247 94	818 93	418 93
10. Aleph	548 94	346 45	895 39	495 39
11. Goldendrop	543 06	274 21	817 27	417 27
12. Poulard	533 19	180 40	713 59	313 59
13. Zélande	529 41	258 80	788 21	388 21
14. Hunter White	513 45	301 49	814 94	414 94
15. Blanc de Flandre	441 42	168 60	610 02	210 02
16. Victoria	419 37	231 »	650 37	250 37
17. Chiddam	384 51	168 21	552 72	152 72
Moyenne générale	573 74	252 88	826 62	426 62

L'excédent de la recette sur la dépense s'élève pour l'ensemble de notre champ d'expériences à 426 fr. 62 par hectare. On voit d'après cela, et je n'ai pas d'autre prétention que de démontrer une fois de

1. S'obtient en déduisant 400 fr. du produit total.

lpus le fait; on voit, dis-je, qu'à la condition de fumer suffisamment le sol, de lui donner les cultures et les soins nécessaires, de choisir convenablement la semence, il est possible, dans une terre *médiocre*, de réaliser encore de beaux bénéfices en produisant du blé. Les rendements que nous venons d'enregistrer ne surprendront pas, j'en suis certain, les cultivateurs et les agronomes qui ont visité, pendant le concours régional, en juin 1885, les cultures de l'Ecole Mathieu de Dombasle. A cette époque, la récolte pouvait déjà être évaluée à un chiffre élevé. La sécheresse extrême du mois de juillet a exercé une influence notable sur les rendements, qui, d'après les apparences de la récolte en fin juin, auraient été, sans l'ardeur du soleil et l'absence de la pluie, d'un dixième au moins supérieur à ce qu'ils sont.

En attendant que je revienne sur ces rendements et sur le prix de revient du quintal qui en découle, je crois utile d'appeler dès à présent l'attention des cultivateurs sur deux points saillants des résultats obtenus cette année à Tomblaine. Le premier est relatif à la nature de la fumure. Guidé par les considérations que j'ai développées récemment sur le rôle des engrais phosphatés, et me fondant sur les résultats de mes huit années d'expériences sur la valeur fertilisante des différentes formes d'acide phosphorique, j'ai, d'accord avec M. Thiry, remplacé le superphosphate par le phosphate tribasique de chaux en poudre fine. On voit par les hauts rendements obtenus combien est assimilable, dès la première année, le phosphate insoluble. Sans compter la réserve abondante d'acide phosphorique qu'une fumure, à raison de 1 000 kilogrammes de phosphate minéral à l'hectare, laisse disponible pour les récoltes ultérieures, les rendements de trente à trente-cinq quintaux de blé obtenus dans notre champ d'expériences mettent en évidence de la façon la plus nette l'intérêt qu'a le cultivateur à employer à haute dose le phosphate en poudre. Avec une dépense de 70 francs à l'hectare, prix de 1 000 kilogr. de phosphate tribasique, on n'aurait pas pu introduire plus de 400 à 500 kilogr. de superphosphate, qui, suivant toute probabilité, n'auraient pas fourni, avec la même semence, un rendement aussi élevé.

La seconde observation générale à laquelle je veux m'arrêter un instant est l'influence de certaines variétés sur la production de la paille. Le blé d'Australie et le blé d'Aleph, qui nous ont donné 30 et 26 quintaux de grain, ont, en même temps, produit 73 et 78 quintaux de paille, tandis que le blé de Flandre et celui de Chiddam, avec des rendements de 21 et de 18 quintaux de grain seulement, n'ont fourni que 38 quintaux de paille. Or la valeur de la paille doit entrer en ligne de compte dans le prix de revient du blé, et le cultivateur devra avoir égard, dans le choix des semences, aux rendements en paille.

Nous allons aborder la discussion des résultats des expériences de 1885 sur le blé, et nous aurons occasion d'en tirer des conclusions très intéressantes, je crois, pour la culture de cette céréale. Ce qui ressort du simple enregistrement des chiffres relatés plus haut, c'est la possibilité, affirmée par nous tant de fois, de faire du blé, dans notre pays, une culture rémunératrice, à la condition de procéder à l'inverse de ce qui se fait généralement et de donner une forte fumure au sol destiné aux emblavures, au lieu de persister à semer le froment sur des terres en partie déjà épuisées par une récolte antérieure. Cela est tellement évident qu'on s'étonne de voir encore tant de cultivateurs proclamer que la culture du blé ne saurait plus être rémunératrice, au lieu de chercher par l'emploi d'engrais et de semences convenablement choisis à la rendre productive.

XI

LA CULTURE PRODUCTIVE DU BLÉ

Les champs d'expériences de l'École Mathieu de Dombasle en 1885. — Culture de dix-sept variétés de blé. — La culture productive du blé. — Prix de revient du blé à l'École Dombasle en 1885. — Ce que peut coûter le blé. — 2 francs ou 21 francs le quintal.

La culture du blé est et doit rester la principale culture de notre pays. On chercherait en vain à lui en substituer une autre, sur une grande partie des sept millions d'hectares qu'elle occupe en France. La rendre rémunératrice dans les conditions actuelles du prix vénal du blé, tel est le point capital sur lequel doivent porter les efforts des cultivateurs. Loin d'être utopique, ce problème, de la solution duque dépend, en très grande partie, l'avenir de l'agriculture française, doit être résolument abordé par les cultivateurs avec le concours des propriétaires du sol et à l'aide des indications très favorables que nous fournit l'expérience. C'est une question sociale de premier ordre, non moins qu'une question agricole, qu'il s'agit de résoudre sans tarder.

Notre but, dans la campagne que nous avons entreprise, d'après des résultats que chacun peut venir contrôler, est de rendre évidente la possibilité de faire du blé une culture rémunératrice, malgré les bas prix de cette céréale, si favorables au bien-être général. Ce résultat sera atteint par la diminution du prix de revient du quintal de froment dû à l'accroissement des rendements. Nous avouons ne pas connaître de remède plus efficace à apporter à la situation dont se plaint, à si juste titre, l'agriculture. Augmenter les rendements, presque tout est là.

Quand on va, de bonne foi, au fond de la question agricole, on est obligé de convenir que l'élévation des tarifs douaniers, dans la mesure où le Parlement l'a faite, ne pouvait rien produire et, en fait, n'a rien produit. D'autre part, il n'est pas moins visible qu'un accroissement des droits de douane suffisant pour amener un relèvement notable des prix des denrées agricoles constituerait pour le consommateur une augmentation de dépenses, d'autant plus difficile à supporter que le malaise est général, atteignant, en Europe et dans le Nouveau-Monde, l'industrie et le commerce tout autant que l'agriculture.

La campagne de 1885 nous a fourni, à l'École Mathieu de Dombasle, une vérification complète des résultats obtenus les années précédentes et, nous le croyons du moins, une démonstration de plus de tous les faits que nous avons fait connaître antérieurement concernant la possibilité de produire le blé dans des conditions absolument favorables au cultivateur. Nous allons continuer l'examen des résultats obtenus cette année à l'École Dombasle. Je rappellerai d'abord les conditions générales de nos champs d'expériences et les bases que j'ai prises pour l'établissement du prix de revient.

Le sol argilo-siliceux pauvre en éléments nutritifs et en calcaire présente la composition suivante :

Azote pour 100 kil. de terre sèche	....	0k,122
Potasse	id.	0 113
Acide phosph.	id.	0 093
Chaux	id.	0 112

C'est, on le voit, un sol de très médiocre qualité sous le rapport de sa teneur en principes fertilisants. Les champs limitrophes de l'École appartenant à la petite culture, ensemencés en blé, après betteraves ou pommes de terre, moyennement fumés (30 à 35 000 kilogrammes de fumier à l'hectare), suivant la coutume du pays, ont donné en 1885 environ 11 quintaux de blé et 2 300 kilogr. de paille à l'hectare.

Quelques critiques m'ont été adressées concernant le prix vénal que j'ai adopté pour la paille, soit 44 francs les 1 000 kilogrammes. On m'a reproché aussi de faire entrer d'une manière quelconque la valeur de la paille dans le calcul des prix de revient du blé. Je ne saurais accepter ces reproches comme fondés : en effet, on peut discuter suivant les lieux, les années, le prix vénal de la paille, la valeur à lui attribuer, mais il ne me paraît pas raisonnable de la négliger entièrement, car la paille a, comme le blé, une valeur réelle, qu'on la fasse consommer par le bétail de la ferme ou qu'on la vende. En ce qui regarde le prix de 44 francs que j'ai adopté, je n'ai d'autre réponse à faire que de rappeler que ce prix est celui auquel M. Thiry a vendu la paille en 1885, au lieu de production, à Tomblaine, sans aucuns frais pour le producteur.

Qu'on me permette, à ce sujet, de rappeler que je n'ai point la prétention de donner des chiffres applicables à toute la France, mais seulement le désir de montrer, à l'aide de données positives, qu'il est facile, dans un sol médiocre, par un choix convenable de fumures et de semences, de produire du blé donnant un bénéfice net d'environ 400 francs à l'hectare. Que ce bénéfice varie d'un point à l'autre du territoire, en plus ou en moins, cela ne saurait être douteux, mais des essais de culture de Tomblaine ressort incontestablement la possibilité de cultiver le blé avec large profit; c'est tout ce que je veux démontrer. Cela dit, je reviens aux résultats de la dernière récolte, et je remets sous les yeux de mes lecteurs les rendements en argent obtenus sur les dix-sept parcelles en expérience :

NATURE DES SEMENCES	VALEUR EN ARGENT		VALEUR TOTALE	BÉNÉFICE PAR HECTARE
	GRAIN	PAILLE		
	fr. c.	fr. c.	fr. c.	fr. c.
1. Square head.........	728 91	253 88	982 79	582 79
2. Hickling............	707 07	264 »	971 07	571 07
3. Dattel...............	667 38	258 98	926 36	526 36
4. Bordeaux............	640 08	211 20	851 28	451 28
5. Lamed	636 93	271 30	908 23	508 23
6. Blood red...........	633 78	254 32	888 10	488 10
7. Australie	634 20	322 12	956 32	556 32
8. Haie	620 97	286 »	906 97	506 97
9. Galand..............	570 99	247 94	818 93	418 93
10. Aleph..............	548 94	346 45	895 39	495 39
11. Goldendrop.........	543 06	274 21	817 27	417 27
12. Poulard blanc lisse...	533 19	180 40	713 59	313 59
13. Zélande............	529 41	258 80	788 21	388 21
14. Hunter White........	513 45	301 49	814 94	414 94
15. Blanc de Flandre....	441 42	168 60	610 02	210 02
16. Victoria............	419 37	231 »	650 37	250 37
17. Chiddam d'automne..	384 51	168 21	552 72	152 72
Moyennes générales...	573 74	252 88	826 62	426 62

Les frais, déduction faite de l'engrais non utilisé évalué à 100 francs, sont, comme je l'ai établi page 139, de 400 francs à l'hectare.

Si l'on tient compte que, dans ces expériences, une seule condition a été modifiée, la nature de la semence, on voit que, suivant la variété de blé employée, le rendement en argent a lui-même varié dans le rapport de 1 à 3,8, soit de près de 40 p. 100. Le *Chiddam* a laissé un bénéfice de 152 francs à l'hectare, tandis que le *Square head* en a donné un de 582 fr. 79 c. Les quantités de paille ont été fort différentes, suivant les espèces, comme nous l'avons indiqué déjà, et il est intéressant de déterminer les variations du rapport de la paille au grain, suivant les variétés cultivées; le tableau suivant les met en évidence :

NOMS DES VARIÉTÉS	CONTENANCE DES PARCELLES	RENDEMENT A L'HECTARE		POIDS DES GRAINS RÉCOLTÉS POUR 100 KIL. DE PAILLE
		GRAIN	PAILLE	
	ares.	q. m.	q. m.	kil.
1. Square head	12,13	34,71	57,70	60,0
2. Hickling	10,60	33,67	60,00	56,1
3. Dattel	24,25	31,79	58,86	54,0
4. Bordeaux	12,50	30,48	48,00	63,5
5. Lamed	24,00	30,33	61,66	49,2
6. Blood red	10,90	30,18	57,80	52,2
7. Australie	7,45	30,20	73,21	41,25
8. Haie	7,10	29,57	65,00	45,5
9. Galand	11,18	27,19	56,35	48,2
10. Aleph	6,35	26,14	78,74	32,2
11. Goldendrop	10,75	25,86	62,32	64,5
12. Poulard blanc lisse	15,12	25,39	41,00	61,9
13. Zélande	4,76	25,21	58,82	42,9
14. Hunter Withe	4,67	24,45	68,52	35,6
15. Blanc de Flandre	9,94	21,02	38,32	54,8
16. Victoria	14,67	19,97	52,50	38,0
17. Chiddam d'automne	13,60	18,31	38,23	47,9
Moyennes générales		27,68	57,47	48,15

Ces données sont intéressantes en ce qu'elles montrent les écarts énormes dans les rendements en paille et grain de dix-sept variétés.

L'écart maximum en grain s'élève, à l'hectare, à 16 q. m. 40 (*Square head*, 34 q. m. 71; Chiddam, 18 q. m. 31). L'écart du rendement en paille est plus notable encore : 34 q. m. 98 entre l'Australie et le Chiddam. Enfin, la différence entre les quantités de blé récolté, rapportées à 100 kilogr. de paille, est également très considérable et varie de 32 kilogr. 2

(Aleph) à 63 kilogr. 5 (Bordeaux), soit de 30 kilogr. 3 de grain pour 100 kilogr. de paille. Il y a donc lieu de tenir un certain compte de l'élément paille dans le choix des variétés de blé à ensemencer.

Arrivons maintenant aux prix de revient du quintal de blé dans les champs d'expériences de Tomblaine, en 1885. Pour l'établir, je suivrai la méthode que j'ai toujours employée et qui consiste à défalquer des 400 francs de frais de culture la valeur de la paille récoltée et à diviser le reste trouvé par le nombre de quintaux obtenus à l'hectare. Le tableau suivant indique le résultat de cette opération; en regard du prix de revient du quintal figurent les poids de blé et de paille récoltés et le produit net à l'hectare :

NATURE DES DENRÉES	PRIX DE REVIENT DU QUINTAL DE BLÉ	QUINTAUX A L'HECTARE		PRODUIT NET DE L'HECTARE
		GRAIN	PAILLE	
	fr. c.	q. m.	q. m.	fr. c.
1. Aleph	2 04	26,14	78,74	495 39
2. Australie	2 57	30,20	73,21	556 32
3. Haie	3 85	29,57	65,00	506 97
4. Hunter White	4 03	24,45	68,52	414 94
5. Hickling	4 03	33,67	60,00	571 07
6. Lamed	4 24	30,33	61,66	508 23
7. Square Head	4 29	34,71	57,70	582 79
8. Dattel	4 50	31,79	58,86	526 36
9. Blood red	4 82	30,18	57,80	488 10
10. Goldendrop	4 86	25,86	62,32	417 27
11. Galand	5 59	27,19	56,35	418 93
12. Zélande	5 60	25,21	58,82	383 21
13. Bordeaux	6 18	30,48	48,00	451 28
14. Victoria	8 45	19,97	52,50	250 37
15. Poulard blanc lisse	8 65	25,39	41,00	313 59
16. Blanc de Flandre	11 00	21,02	38,82	210 02
17. Chiddam d'automne	12 65	18,31	38,23	152 72
Moyennes générales	5 72	27,68	57,47	426 62

Le prix de revient est sensiblement influencé par la quantité de paille, les plus bas prix correspondant directement aux quantités de paille récoltées, mais le bénéfice net résulte surtout du nombre de quintaux de grain obtenus à l'hectare. Les cultivateurs peuvent trouver dans le rapprochement des chiffres inscrits dans ce tableau d'utiles indications. Ces chiffres mettent en évidence l'influence énorme qu'exercent une fumure et un choix convenable de semence sur le prix de revient du blé. La moyenne générale, pour l'ensemble de nos champs d'expériences, est de 5 fr. 72 le quintal. On voit qu'il ne saurait être question d'abandonner la culture d'un produit qui, pouvant, dans certaines conditions, s'obtenir à 5 fr. 72 le quintal, se vend 21 francs, c'est-à-dire près de quatre fois plus cher. Admettons qu'il faille doubler ce prix de revient et qu'une culture bien conduite n'arrive à produire le blé qu'à 10 ou 12 francs le quintal, l'écart est encore suffisant pour encourager le cultivateur dans la voie des essais où je voudrais l'entraîner.

Ce qui est certain, le voici : les cultivateurs produisant, comme c'est le cas trop général, onze quintaux de blé par hectare et 2 300 kilogr. de paille, ne peuvent réaliser aucun bénéfice, si tant est qu'ils ne se trouvent pas en perte. En effet, au loyer de 70 francs, il faut ajouter environ 170 francs de culture, frais généraux, semence et moisson, plus 100 francs de fumure au moins, ce qui donne au total 340 francs à l'hectare.

Onze quintaux de blé à 21 francs représentent

231 francs; 23 quintaux de paille, à 44 francs, valent 101 francs : total, 332 francs pour une dépense de 340 francs. Dans ces conditions, le prix de revient du blé est de 21 fr. 70 le quintal : c'est la ruine pour le cultivateur. Nous ne saurions trop y revenir, il est de toute nécessité : 1° de réduire les emblavures aux sols aptes à porter le blé; 2° d'augmenter notablement la fumure en la faisant précéder immédiatement le blé; 3° de choisir convenablement la semence et, partout où cela est possible, d'introduire l'emploi du semoir. A l'aide de ces mesures, nul doute qu'on ne rende la culture de cette céréale largement rémunératrice.

Aux propriétaires et aux associations agricoles, nous demanderons avec instance de donner le bon exemple, d'encourager, par tous les moyens à leur disposition, la création de champs d'expériences et de démonstration bien dirigés. La démonstration tangible et visible, de tous les faits que nous constatons, est la meilleure manière de donner au cultivateur le désir efficace d'entrer dans la voie du progrès.

Il nous reste à discuter l'influence que la fumure et, en particulier, l'emploi des phosphates minéraux en poudre ont exercée sur les rendements de nos cultures expérimentales en 1885.

XII

LA CULTURE DU BLÉ ET LE FUMIER DE FERME

Exploitation agricole de MM. Tourtel à Tantonville et à Ormes. — Influence des fumures phosphatées associées au fumier sur le rendement en blé. — Valeur comparée des diverses formes d'acide phosphorique. — Les phosphates fossiles français. — L'industrie des superphosphates en présence des phosphates minéraux.

Dans les chapitres X et XI, j'ai présenté un résumé des expériences de culture de blé faites en 1885 à l'École Mathieu de Dombasle, sur deux hectares de terre. Je vais exposer maintenant les résultats de la campagne sur la ferme de Tantonville et Ormes (Meurthe-et-Moselle), d'une contenance de 250 hectares environ.

Grâce à l'obligeance des propriétaires, MM. Tourtel, dont la comptabilité agricole est parfaite, j'ai en main tous les éléments nécessaires pour montrer que, sur de grandes surfaces, la culture du blé est très rémunératrice, même en sols de moyenne qualité, lorsqu'elle est conduite avec intelligence et s'appuie sur des capitaux suffisants. Il ne s'agit plus ici, comme à l'École Dombasle, de champs d'expériences restreints, mais bien d'une culture de blé d'une superficie de près de 63 hectares.

La comparaison des récoltes de Tantonville et Ormes avec celles de Tomblaine est d'autant plus intéressante que l'exploitation de MM. Tourtel repose sur l'emploi du fumier de ferme seul, tandis qu'à l'École Dombasle on a associé au fumier de ferme les engrais minéraux phosphatés et azotés. De plus, chez MM. Tourtel, toutes les façons du sol sont données à l'aide de bœufs; le moissonnage à la machine a même été exécuté, à Ormes, avec ces animaux. Cette substitution du bœuf au cheval, malheureusement trop peu répandue dans la région de l'Est, offre cet avantage considérable que le bœuf hors de service comme animal de traction est engraissé et livré à la boucherie au prix d'achat, quelquefois à un prix plus élevé, tandis que le cheval trop vieux pour être employé à la ferme est presque sans valeur vénale.

L'exploitation de Tantonville est fort ancienne; celle d'Ormes, d'acquisition récente, est en voie de création : de nombreux drainages en cours d'exécution sont nécessaires en raison de la nature argileuse du sol. Pour ces motifs, je me bornerai donc à l'examen des résultats obtenus à Tantonville, en indiquant, pour mémoire, les rendements d'Ormes, fort instructifs d'ailleurs par leur infériorité même sur ceux de Tantonville, infériorité due à l'état du sol, que les améliorations poursuivies par les propriétaires amèneront promptement à valoir celui de Tantonville.

Cette dernière exploitation, d'une contenance de 149 hectares et demi, en grande partie située sur les argiles bleues du Lias, présente l'assolement suivant :

	H.	A.
Blés	34	28
Avoines	36	53
Prairies naturelles	32	11
Prairies artificielles	36	86
Betteraves	7	30
Vignes	1	11
Jardins	1	11
Jachère	0	20
Total	149	50

Si l'on retranche de ce chiffre les vignes et jardins et la parcelle en jachère, l'exploitation proprement dite se compose de 147 hectares, ainsi répartis :

Céréales	48,16
Prairies	46,91
Plantes sarclées	4,93
Total	100 »

Cet assolement, comme on le voit, divise l'exploitation de Tantonville en deux parties sensiblement égales en superficie : l'une produisant des céréales, tandis que l'autre est consacrée aux plantes fourragères (prairies et plantes sarclées). Si j'ajoute que cette exploitation est une annexe de l'importante brasserie de Tantonville, dont les drèches, consommées sur place, permettent la nourriture et l'engraissement d'un nombreux bétail, on comprendra pourquoi MM. Tourtel ont été conduits jusqu'ici à n'employer d'autre engrais que le fumier de ferme.

En 1885, la culture du blé occupait 34 hectares 46 ares. Le tableau suivant indique l'étendue des surfaces ensemencées avec six variétés de blé provenant de la récolte de 1884, le rendement à l'hectare en paille et grain et le prix de revient moyen du quintal de grain, établis sur les données que j'indiquerai tout à l'heure :

VARIÉTÉS CULTIVÉES	SURFACE EMBLAVÉE	GRAIN A L'HECT. EN QUINTAUX	PAILLE A L'HECT. EN QUINTAUX	POIDS DE L'HECTOLITRE	PRIX DE REVIENT DU QUINTAL DE GRAIN
	hect.	q. m.	q. m.	kil.	fr. c.
Dattel........	0,09	27,72	60,0	82	8 82
Square head..	1,69	26,55	60,0	81	9 22
Blood red....	9,27	26,32	55,0	82	10 33
Goldendrop...	10,68	23,69	60,0	82	10 34
Lamed.......	0,20	23,68	45,0	82	10 35
Hickling......	12,53	17,59	60,0	82	16 88
Total.....	34,46				
Moyennes générales....		24,26	58,33	82	10 95

La récolte moyenne, à l'hectare, y compris le rendement du Hickling, médiocre cette année à Tantonville, dépasse donc 24 quintaux, et son prix de revient n'excède pas 11 francs le quintal ; le rendement moyen de la France, en 1885, est, d'après la statistique publiée par le ministère de l'agriculture pour 1885, de 12 quintaux environ ; MM. Tourtel ont donc produit juste *deux fois* autant de blé à l'hectare que le sol moyen de la France.

Le rendement moyen de nos champs d'expériences de Tomblaine pour les variétés cultivées à Tantonville a été de 31 q. 09 à l'hectare, soit un excédent de 6 q. 83 sur celui de Tantonville et de 19 q. 09 sur le rendement moyen de la France en 1885, soit dans le rapport de 259 à 100. On voit par là combien la culture du blé dans notre pays est appelée à faire de progrès le jour où, même dans des sols de qualité moyenne, on se décidera à augmenter les fumures et à faire un bon choix de semences.

Je suis convaincu que l'emploi du phosphate et celui du nitrate de soude en couverture auraient élevé notablement les rendements obtenus à Tantonville avec le fumier de ferme seul.

Les blés ont été semés, à Tantonville, dans les conditions suivantes :

1° *Dattel.* — Après pommes de terre fumées au fumier de ferme, un seul labour, deux roulages.

2° *Square head.* — Après betteraves fumées au fumier de ferme, un labour, deux roulages.

3° *Blood red.* — Après préparation pour colza qui a manqué, deux labours, 40,000 kilogr. de fumier de ferme, deux roulages.

4° *Goldendrop.* — Après colza, deux labours, deux roulages.

5° *Lamed.* — Après carottes fumées, un labour, deux roulages.

6° *Hickling.* — Sur trèfle et sur betteraves, un labour, deux roulages.

De l'ensemble des documents fournis par la comptabilité de Tantonville pour chacune de ces cultures de blé résultent les prix de revient que j'ai indiqués plus haut; je choisis pour donner une idée aussi exacte que possible de la dépense à l'hectare, du rendement et du prix de revient du blé de choix produit à l'aide du fumier seul, la parcelle de 9 hectares 27 ares ensemencée en *blood red*, et j'extrais des documents détaillés que m'ont remis MM. Tourtel les chiffres suivants, dont se rapprochent extrêmement ceux des autres parcelles, en tenant compte du résidu des fumures antérieures à la récolte de blé :

Blood red.	9 h. 27 a.	A l'hectare.
	fr. c.	fr. c.
2 labours à 35 fr. l'un à l'hectare.	648 90	70 »
2 roulages à 7 fr. 50 à l'hectare..	139 05	15 »
253 voitures de fumier du poids minimum de 1,500 kil., à 10 fr. la voiture....................	2.530 »	272 85
Fauchage à 30 fr. l'hectare.......	278 10	30 »
Conduite des gerbes (7,236 à 180 par voiture), 40 voitures à 1 fr. 50 centimes..................	60 »	6 48
Battage, 374 heures, à 0.30 l'une.	112 20	12 10
Vannage, 347 h. 1/2, à 0.30.......	104 25	11 25
Semence, 1,545 kilogr. à 30 fr. le quintal.......................	463 50	50 »
Frais généraux et d'entretien à 68 fr. 20 par hectare...........	632 20	68 20
	4,968 20	535 88
A déduire pour fumure non utilisée........		100 »
La dépense imputable au blé est de.......		435 88
Valeur de la paille à déduire, 55 q. à 3 fr..		165 »
Prix de revient des 26 q. 32 de blé........		270 88
Soit 10 fr. 33 par quintal.		

Le bénéfice net, à l'hectare, pour cette culture, a été établi par MM. Tourtel, en négligeant la plus-value du blé vendu comme semence, à raison de 30 francs le quintal. En comptant le blé à 22 francs seulement, prix que la meunerie l'a payé, et la paille à 30 francs les 1 000 kil., valeur que MM. Tourtel lui ont attribuée dans leur compte bétail, on arrive au résultat suivant pour le produit d'un hectare :

26 q. m. 32 de blé à 22 fr.......... =	579 fr.	04
55 q. m. de paille à 3 fr............ =	165	»
Ensemble...............	744	04
D'où il faut déduire les frais, s'élevant à...........................	435	88
Le bénéfice, par hectare, ressort à...	308 fr.	16

résultat fort encourageant et qui n'est pas de nature à faire abandonner la culture du blé, on en conviendra.

Les rendements obtenus à la ferme d'Ormes par MM. Tourtel ont été en 1885 encore, comme l'année précédente, inférieurs à ceux de Tantonville, ce qu'expliquent l'état des terres et l'absence de drainage dans ce sol argileux, qui en a absolument besoin. Une partie de la semence a pourri par excès d'humidité, surtout dans la pièce ensemencée en variété Hickling.

Le tableau suivant indique les résultats généraux de la culture du blé à Ormes, en 1885.

VARIÉTÉS EMPLOYÉES	SURFACE EMBLAVÉE	GRAIN A L'HECTARE	PAILLE A L'HECTARE	PRIX DE REVIENT LE QUINTAL
	hect.	q. m.	q. m.	fr. c.
Blood red............	18,67	19,39	35 »	12 70
Square head.........	0,59	16,48	42,3	15 37
Hickling.............	9,15	10,05	25 »	24 57
Moyenne.........	28,41	15,30	17,35	17 35

Les conditions de fumure, de labour et de récolte étant identiques à Ormes et à Tantonville, il résulte des rendements que je viens de rapporter que le Hickling, dont une grande partie de la semence a été détruite par la pourriture, a constitué l'exploitation en perte de 26 francs à l'hectare; le Blood red a laissé un bénéfice net d'environ 180 francs à l'hectare, et le Square head de 100 francs seulement. Ce sont là des résultats financiers dont beaucoup de cultivateurs seraient satisfaits, malgré leur infériorité sur ceux qu'a donnés l'exploitation de Tantonville.

Le sol des champs d'expériences de l'École Dombasle est, en lui-même, de qualité inférieure à celle de l'exploitation de Tantonville : il me paraît donc intéressant de chercher l'explication des excédents de récolte obtenus à Tomblaine. Je n'hésite pas à les attribuer pour la plus grande partie à l'emploi que nous avons fait du phosphate minéral à haute dose d'une part, autrement dit à la richesse de notre fumure en acide phosphorique, et, de l'autre, à l'addition du nitrate de soude en couverture.

Le sol de nos champs d'expériences a reçu la fumure suivante :

1re MOITIÉ DU CHAMP.	2e MOITIÉ DU CHAMP.
30 mètres cubes fumier de ferme.	20 mètres cubes fumier Goux.
1,000 kilogr. phosphate minéral.	1,000 kilogr. phosphate min.
150 kilogr. nitrate de soude.	150 kilogr. nitrate de soude.

Le fumier de ferme ayant été employé seul à Tantonville, il convient de comparer la première moitié de notre champ d'expériences aux sols emblavés par MM. Tourtel.

L'analyse des fumures de l'École Dombasle m'a fourni les résultats suivants :

	Azote.		Acide phosphorique.
30 mètres cubes fumier contiennent	96 kil.	et	107 kil. 40
1,000 kilogr. phosphate minéral.	»		260 kil. »
150 kilogr. nitrate de soude.	24 kil.		» »
Au total.........	120		367 kil. 40

Nous supposerons au fumier de ferme répandu à Tantonville la densité et la composition moyenne du fumier de Tomblaine, soit pour un hectare de terre à Tantonville et à Ormes :

40 mètres cubes fumier contenant. 128 kil. azote.
— — — 143 kil. acide phosphorique.

Les champs d'expériences de Tomblaine ont, d'après cela, reçu à l'hectare *huit* kilogr. d'azote de moins et 224,4 kilogr. d'acide phosphorique de plus que ceux de Tantonville [1]. La plus-value dans le rendement du

1. 30 m. c. fumier = 24,000 kil. à 0,4 azote = 96 k.
— — = 24,000 kil. à 4,47 a. phos. = 107 k. 4.

champ de Tomblaine s'est élevée pour les variétés cultivées sur les deux territoires, en 1885, aux chiffres suivants :

	Tomblaine.	Tantonville.	Différ. en faveur de Tomblaine.
Square head.........	34,71	26,55	8,16
Hickling............	33,67	17,59	16,08
Dattel	31,79	27,72	4,07
Lamed...............	30,33	23,68	6,65
Blood red...........	30,18	26,32	3,86
Goldendrop..........	25,86	23,69	2,17
Moyenne.............	31,09	24,26	6,83

La production moyenne des variétés de blé cultivées cette année à Tomblaine et à Tantonville a donc été supérieure de près de *sept quintaux* à l'hectare, en faveur des champs de l'École Dombasle. Le rendement en paille a présenté des écarts beaucoup plus faibles que celui du grain. Tandis que la production moyenne de la paille a été de 59 q. m. 71 à l'hectare à Tomblaine, il s'est élevé à 58 q. m. 33 à Tantonville, ce qui donne une différence de 1 q. m. 34 seulement en faveur des champs de l'École Dombasle. L'influence de la forte fumure phosphatée s'est donc traduite par une augmentation très notable dans la production du grain, ce qu'on observe toujours dans les cultures des céréales, le grain exigeant pour se constituer beaucoup plus d'acide phosphorique que la paille. Les cendres de blé contiennent, en effet, environ 50 p. 100 d'acide phosphorique, tandis que celles de la paille n'en renferment que 3 à 4 p. 100 [1].

1. Consulter le très intéressant mémoire publié par MM. Lawes

Tout semble donc indiquer qu'il y a lieu d'attribuer au phosphate minéral une part prépondérante dans les rendements élevés de nos champs d'expériences.

Le nitrate de soude, 150 kilogr. à l'hectare, a eu aussi sa part dans cette élévation des rendements. Les 32 années de culture consécutive de blé à Rothamsted ont montré que l'azote contenu dans le fumier a produit en moyenne un excédent de 28 quintaux de paille et 12 quintaux de grain; l'azote ammoniacal, à la dose de 96 kilogr. à l'hectare, a produit un excédent de 11 quintaux 8 de grain et 46 quintaux de paille; l'azote nitrique, à la même dose, un excédent de 14 quintaux de grain et 51 quintaux de paille.

L'occasion se présente de revenir encore sur l'emploi des phosphates naturels en poudre et sur leur valeur agricole, comparée à celle des superphosphates. L'importance économique de la question se résume en un chiffre : le prix du kilogramme d'acide phosphorique dans les superphosphates est au moins le double de celui du même corps à l'état de phosphate naturel en poudre. Pour qu'il y ait équivalence entre les prix de ces deux formes d'engrais, il faudrait que l'acide phosphorique rendu soluble par les acides (superphosphate) produisît deux fois plus d'effet dans le sol que le phosphate naturel. S'il en est ainsi, le cultivateur pourrait s'adresser indiffé-

et Gilbert sous le titre *On the composition of the ash of wheat grains and wheat straw.* (*Journal of the chemical society*, Londres, 1884.)

remment au superphosphate ou au phosphate minéral; dans le cas contraire, s'il est démontré que l'acide phosphorique, à quantité égale, agit aussi bien dans les phosphates en poudre que dans les superphosphates, il ne saurait y avoir d'hésitation : la culture doit renoncer à l'emploi des superphosphates et introduire dans le sol, pour le prix qu'elle consacrait à leur achat, une quantité double d'acide phosphorique. Cette importante matière fertilisante se paye aujourd'hui 60 cent. au minimum le kilogramme dans les superphosphates et 30 centimes au maximum dans les phosphates en poudre. Si leur valeur agricole est la même, le choix du cultivateur ne saurait être incertain.

La question est grosse, on le voit, au point de vue économique, et mérite qu'on y revienne jusqu'à ce que la conviction soit faite dans l'esprit des cultivateurs.

Sauf à m'exposer à des répétitions, je vais donc insister à nouveau sur les faits qui établissent une équivalence presque absolue entre les deux formes d'acide phosphorique et, dans tout état de cause, une économie de 90 p. 100 au moins dans la substitution, à poids égal d'acide phosphorique, des phosphates en poudre aux superphosphates.

Un préjugé des plus répandus, malgré l'opinion et les travaux des agronomes et des physiologistes les plus distingués de notre temps, tels que MM. Schlœsing, Müntz, Zœller, Sachs, Petermann, etc., est celui qui consiste à admettre que les aliments des plantes leur sont présentés, sous le sol, à l'état de dissolution. Suivant cette *erreur absolue*, une plante ne peut se nourrir dans la terre qu'à la condition d'y rencontrer, sous forme liquide, l'acide phosphorique, la potasse, la chaux, etc. L'eau et l'acide carbonique qu'elle dissout sont, dans cette doctrine, les véhicules indispensables de tous les aliments des plantes. La simple observation des faits naturels, indépendamment des expériences directes de MM. Zœller, Sachs, Schlœsing que j'ai rapportées précédemment, va à l'encontre de cette hypothèse gratuite. La belle végétation des forêts dans les sols sablonneux, celle des vignes dans les terres rocailleuses, presque toutes les cultures dans les terrains secs, la persistance de la végétation dans un sol en poussière ou en mottes, contenant à peine quelques centièmes d'eau, enfin la végétation luxuriante des prairies des tropiques signalée par M. Boussingault, dans des régions où il ne *pleut jamais* et dans lesquelles la rosée est la seule source d'alimentation en eau des plantes, sont autant de faits qui contredisent absolument l'hypothèse que la plante doit puiser sa nourriture dans une dissolution circulant dans le sol.

De cette erreur physiologique fondamentale en découle une autre, également très répandue chez les agriculteurs, à savoir que les phosphates insolubles en poudre, dont personne cependant n'oserait plus nier l'efficacité, en présence des magnifiques résultats obtenus en Bretagne et dans toutes les régions, d'ailleurs, où manque dans le sol l'acide phosphorique, c'est que les phosphates en poudre, dis-je, n'exercent d'action que dans les terrains acides. Grâce à cette acidité, due aux matières organiques en voie de décomposition, le phosphate rendu soluble pénétrerait dans le végétal. Sans aucun doute, l'acidité du sol aide à la désagrégation de la combinaison de calcaire et de phosphate de chaux qui constitue les phosphates naturels; cette acidité concourt à la diffusion, à la dissémination physique du phosphate dans la terre, elle ajoute son action à celle des labours, mais elle ne transforme pas le moins du monde les phosphates tribasiques en phosphates solubles comparables au superphosphate.

L'expérience directe établit trois choses capitales pour la question de l'emploi agricole des phosphates :

1° Il n'existe jamais dans le sol à l'état de dissolution des quantités de phosphates suffisantes pour l'alimentation des plantes.

2° Le superphosphate (acide phosphorique rendu soluble) repasse au contact du sol avec une extrême rapidité à l'état de phosphate insoluble.

3° Les essais de culture ont prouvé que le phosphate de fer, d'alumine, les phosphates bicalcique ou tricalcique, tous insolubles dans l'eau, exercent sur la productivité du sol une influence égale ou presque égale à celle des superphosphates. Il n'en saurait être autrement, puisque le superphosphate n'existe plus dès qu'il arrive au contact du sol, où il passe très rapidement à l'état de phosphate insoluble.

Les expériences directes de culture faites en

France, depuis 1870, à la Station agronomique de l'Est; en Belgique, à la Station agronomique de Gembloux; en Allemagne, par MM. Dunkelberg, Wagner, Mœrcker, etc.; en Angleterre, à la Société royale d'agriculture, par M. Vœlcker; en Écosse, par M. Jamiesson [1], etc., ont toutes conduit à cette conclusion que les phosphates non dissous sont assimilés par les plantes, et que leur valeur agricole est presque égale à celle des superphosphates, dont le prix est plus du double du leur.

Quelques explications complémentaires, touchant la différence qui existe entre les phosphates dits *précipités* et le superphosphate, me paraissent indispensables; on désigne dans le commerce, je l'ai dit plus haut, sous le nom de *phosphates précipités*, un produit formé de phosphate de chaux à deux équivalents de cette base pour un d'acide; tandis que le superphosphate renferme des équivalents égaux de l'un et de l'autre et le phosphate naturel trois équivalents de chaux pour un d'acide. Le phosphate précipité, bien préparé, est exempt de calcaire, tandis que, dans les phosphates naturels, le phosphate de chaux est toujours associé à une quantité notable de carbonate de chaux ou calcaire.

Pendant longtemps, on a attribué au superphosphate une valeur agricole supérieure à celle du phosphate précipité de même richesse. L'expérience a eu

1. Consultez pour ces expériences le *Compte rendu du congrès international des directeurs des Stations agronomiques*. In-8°, Berger-Levrault (p. 288 à 348).

gain de cause de cette erreur, que la Station agronomique de l'Est combat depuis bientôt seize ans, et l'on est unanime aujourd'hui à attribuer le même prix au kilogramme d'acide phosphorique dans les superphosphates et dans les phosphates précipités. Y a-t-il lieu de maintenir une différence de valeur, au point de vue agricole, entre les phosphates précipités et les phosphates minéraux en poudre fine? L'ensemble des expériences faites en vue de résoudre cette question a permis de constater une légère différence entre les rendements obtenus avec ces deux formes de phosphates; cette différence oscille suivant les sols entre 2 et 10 p. 100. Mais, comme le prix du kilogramme d'acide phosphorique précipité est au moins le double de celui du kilogramme de l'acide phosphorique des phosphates naturels, le cultivateur ne saurait hésiter, surtout dans les terres convenablement fumées au fumier de ferme, à donner la préférence aux phosphates naturels.

La plus-value légère, mais réelle, dans la plupart des cas, des rendements obtenus avec le phosphate précipité, ne tiendrait-elle pas à ce que ces phosphates sont débarrassés de calcaire par le traitement qui les fournit à l'agriculteur? C'est là un point à examiner. En l'indiquant, j'ai en vue les différences assez considérables que présentent entre eux les phosphates minéraux selon leur origine et suivant les sols, différences dont je veux dire quelques mots, en attendant que je mette sous les yeux de mes lecteurs l'état de nos connaissances sur les divers phosphates naturels.

Tout ce que j'ai dit de l'emploi des phosphates en poudre s'applique aux phosphates *français*, phosphates des Ardennes, de la Meuse, des Vosges, du Pas-de-Calais, de la Bourgogne, du Cher, de l'Yonne, du Midi, etc., généralement désignés sous le nom impropre d'excréments fossiles ou *coprolithes*. Je regarde tous ces phosphates, surtout si on les emploie comme complément du fumier de ferme, comme ayant une valeur agricole très voisine de celle des superphosphates. Partout on peut les substituer avec une économie d'environ 50 p. 100 à l'emploi des superphosphates, qui, j'en ai la conviction, sont irrévocablement condamnés par l'expérience à disparaître, à moins qu'on arrive à les produire, ce qui est peu probable, à un prix très voisin de celui auquel l'agriculture peut se procurer les phosphates minéraux. Pour la même dépense, le cultivateur peut donner au sol, associée au fumier, une dose d'acide phosphorique double; il n'hésitera donc pas. Il y a des phosphates naturels, phosphorites, apatites, phosphate de Ciply (Belgique), Canada, etc., d'une origine et d'une constitution physique tout autres que celles des coprolithes. Ces phosphates, réduits en poussière, *semblent* en général moins facilement assimilables que les phosphates des grès verts et de la gaize. Des expériences culturales de quelques années peuvent seules résoudre la question; je ferai connaître plus tard celles que j'ai instituées en vue d'élucider ce point. M. Petermann a montré que les phosphates très calcaires de Ciply ne sont pas assimilés ou le sont très difficilement par les plantes. Il faut donc faire des réserves sur le terme générique de *phosphates minéraux*, et tout ce que j'ai dit s'applique aux phosphates des Ardennes et à leurs congénères de France, d'Angleterre, d'Allemagne et de la Russie. Heureusement le sol français recèle dans son sein des masses immenses de phosphates, et plusieurs siècles s'écouleront avant que nos gisements soient épuisés. Ce qu'il y a de mieux à faire aujourd'hui est de les utiliser et d'introduire à la surface de nos champs, par leur emploi, l'acide phosphorique nécessaire pour augmenter de moitié ou plus notre production en céréales.

Tributaire du nouveau monde pour l'azote qu'il nous fournit sous forme de nitrate de soude, nitrate dont nous pourrions nous passer si nous savions ou voulions utiliser les détritus azotés que fournit l'alimentation de l'homme et des animaux, la France possède, avec la Russie, les plus grands gisements de coprolithes connus. Sachons en tirer parti, faisons au sol une large avance en acide phosphorique ; il nous rendra cette avance au centuple sous forme de récolte. Une production moyenne de 15 hectol. 80 de blé à l'hectare ne laisse, dans les conditions actuelles de l'agriculture, pour ainsi dire *aucun bénéfice* au cultivateur, quand elle ne le constitue pas en perte ; portée à 25 hectolitres, ce qui est possible dans toutes les terres de moyenne qualité, si l'on y engage un capital suffisant, la culture du blé devient largement rémunératrice, j'espère l'avoir surabondamment établi.

XIII

EXPÉRIENCES DE CANTONI SUR LA CULTURE DU BLÉ

La culture économique du blé. — Conférence de M. G. Cantoni, directeur de l'École supérieure d'agriculture de Milan. — Influence des engrais, de la semaille en ligne, de l'outillage mécanique sur le prix de revient du blé.

La question de la production économique du blé s'impose dans toute l'Europe à l'attention des cultivateurs. La récolte de 1884 ayant été, en France, à peu près égale à la consommation, celle de 1885 très voisine de la précédente, tandis qu'en Amérique elle est restée inférieure à celle des dernières années, le droit de douane voté par le Parlement n'a pas amené dans les prix un relèvement suffisant pour donner au blé une valeur rémunératrice dans les conditions générales où on le cultive. A l'étranger, comme en France, ces études s'imposent ; nous sommes heureux de trouver un appoint considérable pour les idées que nous venons d'exposer dans une conférence d'un des agronomes les plus connus de l'Europe méridionale.

Le savant directeur de l'École supérieure d'agriculture de Milan, M. Gaëtano Cantoni, a fait l'an dernier au Muséum agronomique de Milan une conférence sur les améliorations culturales propres à diminuer le prix de revient du blé. Comme nous, M. G. Cantoni pense que l'avenir est là, bien plus que dans des droits prétendus protecteurs. Sa thèse est celle que nous avons développée dans les précédents chapitres, à savoir que les indications de l'expérimentation scientifique sont indispensables aujourd'hui pour obtenir de hauts rendements et qu'il faut chercher le progrès agricole dans la voie que trace la science.

La conférence de M. Cantoni a été publiée dans le Bulletin du ministère de l'agriculture d'Italie, pour le mois de juillet 1885; j'en extrairai les indications générales et les chiffres principaux. Bien que ces derniers se rapportent à des cultures faites en Italie et qu'il y ait lieu de tenir compte, dans leur comparaison avec les résultats obtenus en France, des conditions différentes des deux pays, les conclusions générales de l'auteur sont applicables partout, et nos lecteurs y puiseront, je l'espère, d'intéressants renseignements.

M. Cantoni commence par affirmer qu'il est possible d'accroître notablement, avec profit en argent, les rendements du sol en blé. Pour étayer cette assertion, incontestable pour qui veut examiner de bonne foi la question, l'auteur donne les résultats de culture du blé faite en 1883-1884 sur le territoire de Treviglio, dans trois champs assez distants l'un de l'autre et de fertilité médiocre. Dans cette localité, le rendement moyen de l'hectare en blé, après maïs fumé, est de 15 hectolitres, soit environ le rendement moyen de la France.

Les essais de fumure que nous allons rapporter ont été faits à Murena, sur 2 hectares; à Cascina, sur 38 ares 14 centiares; à Masano, sur 2 hectares 18 ares; soit, en tout, sur 4 hectares 57 ares. Les quantités de semences employées et les rendements de ces trois champs ont été les suivants, rapportés à l'hectare :

	Murena.	Cascina.	Masano.
Semences employées.	116 litres.	220 litres.	118 litres.
Blé (en hectolitres)..	30 hect.	28 h. 8	34 h. 75
Blé (en quintaux).....	22 q. m. 8	22 q. m. 11	26 q. m. 40
Paille et balle........	42 q. m. 75	44 q. m. 74	50 q. m. 47
Valeur brute des produits..............	627 fr. »	619 fr. 20	762 fr. 88

Le prix du blé était de 20 francs le quintal. La fumure employée a consisté en un mélange de 250 kilogr. de superphosphate de chaux à 16 p. 100 d'acide phosphorique, coûtant 17 fr. le quintal, soit 42 francs 50, et de 200 kilogr. de nitrate de soude à 16 p. 100 d'azote, coûtant 40 francs les 100 kilogr., soit 80 francs : au total, une fumure de 122 fr. 50 à l'hectare. Cette fumure coûterait beaucoup moins cher cette année : le nitrate de soude ne valant guère que 30 francs, et le superphosphate 10 fr. 50 (au titre de 16 p. 100), elle reviendrait à 86 fr. 25 seulement à l'hectare.

M. Cantoni, prenant la moyenne de ces trois cultures, arrive aux chiffres suivants, pour le rendement d'un hectare : 24 quintaux ou 31 hectol. et 45 quintaux de paille, représentant une valeur brute moyenne de 650 francs à l'hectare.

Il établit ensuite les dépenses occasionnées par l'emploi du fumier, l'achat des engrais minéraux et l'accroissement des dépenses nécessitées par cette culture, qui a plus que doublé le rendement moyen du pays.

Frais pour obtenir 15 hectolitres en plus :

Labour et semaille en ligne	15 fr.
Engrais	123
Transport et épandage de l'engrais	10
Sarclage, hersage	8
Moisson	15
Transport de la récolte, battage	12
Assurance contre la grêle	15
Excédent total	198 fr.

L'augmentation des produits (31 hectol. au lieu de 15) donne les chiffres suivants :

15 hect. de blé à 15 fr. l'hect	225 fr.
Paille : 25 quintaux à 4 fr	100
Economie de semence, 80 litres	16
	341 fr.
Dont il faut déduire l'excédent de dépenses.	198
Bénéfice restant	143 fr.

De ces données, M. G. Cantoni conclut que le prix de revient, pour les 15 hectolitres obtenus en plus, est de 9 fr. 63 par hectolitre, le prix de revient rapporté aux 30 hectolitres étant de 12 fr. 50 l'hectolitre, chiffres, pour le dire en passant, de l'ordre de ceux que nous avons mentionnés dans notre étude sur la production agricole. M. Cantoni établit, comme terme de comparaison, le prix de revient de l'hectolitre de blé à Treviglio, dans les conditions de la culture du pays, c'est-à-dire avec un rendement de 15 hectolitres à l'hectare :

Labours	45 fr.
Semence (à la volée)	32
Récolte	40
Assurance contre la grêle	15
Impôts, frais généraux	60
Intérêts du capital foncier	125
	317 fr.
Pour un produit de 15 hectolitres à 15 fr.	225
Pour un produit de 30 quintaux paille à 4 fr.	120
Total	345 fr.
La dépense étant de	317
Le bénéfice est de (par hectare)	28 fr.

Et le prix de revient de l'hectolitre de blé ressort à 19 fr. 80, soit sensiblement un quart en plus de son prix vénal actuel. De l'ensemble de ces chiffres, M. Cantoni tire la conclusion suivante : la fumure minérale a plus que doublé le rendement et abaissé le prix de revient de l'hectolitre de 19 fr. 80 à 12 fr. 50, conclusion qui confirme tout à fait celles que nous avons déduites des expériences de l'École Mathieu de Dombasle et des cultures de MM. Tourtel à Ormes et à Tantonville.

Voici maintenant l'évaluation moyenne du savant directeur de l'École de Milan concernant les économies résultant de chacune des améliorations introduites dans la culture du blé par le mode de semaille, le choix des variétés, l'emploi des machines et l'application de fumures convenablement choisies. Je crois utile de reproduire ces chiffres à titre de renseignements qu'il serait très intéressant de contrôler dans nos exploitations rurales, afin de montrer aux cultivateurs l'importance de cet ensemble d'améliorations :

ACCROISSEMENT POSSIBLE DU RENDEMENT :

Par un meilleur labour?	(Mémoire.)
Par l'action de la culture précédant le blé?	(Mémoire.)
Par le choix d'une bonne variété.....	12 à 15 p. 100
Par l'ensemencement précoce.........	10 15
Par la semaille en ligne...............	20 30
Par une fumure rationnelle...........	30 40
Par le sarclage.........................	6 10
Par la moisson précoce...............	6 8

ÉCONOMIE RÉSULTANT DE L'EMPLOI DES MACHINES :

	(Par hectare).
Economie de semence.....................	16 fr.
— sur la moisson.................	15
— sur le battage..................	20
	51 fr.

Soit, en moyenne, 50 p. 100 sur les frais ordinaires, par hectare.

L'ensemencement précoce a toujours été utile, dit M. Cantoni, mais il l'est surtout dans le nord de l'Italie, où la basse température empêche fréquemment le tallage de la plante. Deux chiffres extrêmes, extraits du tableau de M. Cantoni, mettent en évidence l'influence de cette condition :

	Hect.		Quintaux.
Semaille, le 1er octobre. — Récolte,	17,4 blé et	31,9 paille.
— le 6 novembre. — —	12,9 —	35,1 —

La semaille en ligne donne, outre qu'elle diminue notablement la verse, si elle ne la supprime pas complètement, les excédents de rendements suivants :

D'après Oriani	35 p. 100
D'après Cantoni	30
D'après Venini	25

Le meilleur écartement des lignes est compris, suivant les sols, entre 15 centimètres et 25 centimètres.

L'époque de la moisson influe notablement sur le rendement; la moisson précoce, quand la plante n'est encore qu'aux trois quarts jaune, dit M. Cantoni, et lorsque les grains sont encore tendres, peut, dans les années chaudes et sèches, donner un accroissement de rendement de 10 p. 100, sans compter la plus-value de la qualité et l'avantage qu'il y a à gagner du temps pour la culture suivante.

Voici quelques-uns des chiffres sur lesquels l'auteur appuie son dire :

Froment d'hiver récolté :	Kil.	
Le 21 juin	19,0	sur la parcelle d'essai.
Le 24 juin	15,4	—
Le 30 juin	13,0	—

M. Cantoni ajoute :

« Lorsque nous adopterons, sur une large échelle, les moyens que la mécanique nous offre, nous constaterons que l'emploi des semoirs, moissonneuses, batteuses, diminue la dépense de 50 p. 100 du prix des mêmes travaux faits à la main. »

En terminant, M. Cantoni indique à ses auditeurs quelques données utiles à enregistrer. D'après l'ensemble de ses observations, l'auteur fixe les rendements suivants, en grain, par mètre carré :

Produit maximum................	247 grammes.
— minimum................	182 —
— moyen................	218 —

100 de récolte sèche donnent, en grain, un produit de 28 à 33.

Les quantités de semences employées, pour 100 mètres carrés, varient suivant les conditions de semaille, de la manière suivante :

Minimum...........................	0 litre 370
Maximum...........................	0 — 600
Moyenne...........................	0 — 500

Un litre de blé contient, en moyenne, 15 300 grains, et un kilogramme en renferme 20 400.

Le quantum de la récolte utilisable (blé et paille, balle), par rapport à la quantité de substances produite dans le champ, est de 45 p. 100 environ. Les conclusions que M. Cantoni tire du rapprochement et de la discussion de cet ensemble de documents sont les nôtres : il faut d'abord améliorer la culture des céréales pour améliorer l'agriculture. Il faut continuer à cultiver le blé; mais il est nécessaire de lui appliquer les procédés d'outillage perfectionné, en même temps qu'une fumure minérale complémentaire du fumier de ferme. Les engrais chimiques bien employés compenseront, dit-il avec nous, presque immédiatement les dépenses. « On dira que les engrais chimiques supposent de l'argent pour leur achat, soit; mais l'agriculture, pas plus qu'aucune industrie, ne peut progresser sans capitaux que l'intelligence du cultivateur ne saurait remplacer. » Finalement, nous aboutissons toujours à cette conclusion, que le concours des propriétaires du sol, leur union plus intime avec l'exploitant, demeurent une des conditions les plus nécessaires du relèvement de l'agriculture et de ses progrès, en rendant possible l'augmentation du rendement et, partant, en diminuant, dans une large proportion, le prix de revient.

XIV

LE FUMIER DE FERME ET SA VALEUR

De la valeur du fumier de ferme. — Sa composition est variable. — Valeur comparée du prix du fumier et de celui des engrais minéraux. — Influence de l'alimentation du bétail sur la valeur agricole du fumier. — Le blé et le seigle, aliments du bétail. — Erreur économique de leur substitution aux aliments concentrés.

Nous avons évalué à grands traits dans le chapitre II la valeur des éléments fertilisants contenus dans les résidus de l'alimentation des animaux de la ferme. On sait que le fumier est le résultat du mélange des excréments des animaux avec l'excipient qu'on nomme litière, et qui varie suivant les localités. Le plus employé est la paille des céréales.

Quelle est la valeur, estimée en argent, du fumier de ferme? Comment peut-on la fixer? Étant donnés les prix actuels des engrais commerciaux, y a-t-il intérêt pour le cultivateur à les substituer au fumier? Il est inutile d'insister sur l'importance considérable que présente, pour le praticien, l'examen de ces trois points d'interrogation.

La question est très complexe : à lui seul, l'établissement du prix de revient du fumier comporte presque autant de solutions que de cas particuliers. Suivant que l'agriculteur porte ou non, au compte fumier, une part des produits, travail mécanique, lait ou chair des animaux, suivant le prix qu'il affecte aux aliments du bétail récoltés sur la ferme, à la paille qu'il emploie comme litière, le prix de revient auquel ressort le fumier peut varier du simple au double ou au triple même. N'ayant, en aucune façon, la prétention de faire ici un cours d'économie rurale, mon but, plus modeste, étant d'éclairer les cultivateurs sur les points fondamentaux relatifs à la production agricole, je laisserai de côté les divers systèmes adoptés pour évaluer le prix de revient du fumier. Après avoir examiné sa valeur comparée à celle des engrais commerciaux, j'entrerai dans quelques détails sur le mode chimique d'évaluation de la quantité du fumier obtenu dans une ferme, en montrant comment on peut y arriver et les avantages que le praticien retire de ce genre de comptabilité spéciale.

Dans les différents comptes de culture relatifs à l'établissement du prix de revient du blé que j'ai cités jusqu'ici, la valeur, en argent, attribuée à la tonne métrique du fumier de ferme, a présenté, d'un cas à l'autre, comme on a pu le voir, d'importants écarts. L'objectif que je n'ai jamais perdu de vue étant d'établir par des faits précis la possibilité d'une culture rémunératrice du blé en France, malgré le bas prix de ce produit, j'ai tenu à mettre sous les yeux de mes lecteurs les données fournies par la comptabilité des exploitations auxquelles j'empruntais les exemples destinés à servir à ma démonstration. De là résultent les écarts dans le prix moyen auquel le fumier est compté à la terre qui le reçoit.

Sir J.-B. Lawes m'écrivait, en décembre dernier, qu'il ne pouvait attribuer, dans l'exploitation de Rothamsted, à la tonne de fumier une valeur supérieure à 7 francs; j'indiquerai plus loin les raisons sur lesquelles se fonde l'éminent agronome anglais pour cette évaluation. M. Thiry, à l'École Dombasle, a payé, l'an dernier, 4 fr. le mètre cube, soit 6 fr. environ les 1 000 kilogr. de fumier appliqué à nos champs d'expériences. MM. Tourtel l'estiment, dans leur comptabilité, à 6 fr. 70 la tonne; enfin, dans certaines régions du Centre, on ne peut se le procurer, en l'achetant, à moins de 20 fr. les 1 000 kilogr.

Si j'ajoute que la valeur agricole du fumier dépend essentiellement du mode d'alimentation plus ou moins riche du bétail qui le produit, et que, par conséquent, cette valeur elle-même est sujette à de grandes variations, comme je l'établirai tout à l'heure, on voit combien est variable ce facteur important du prix de revient des récoltes.

Il ne faut jamais perdre de vue, comme on le fait trop souvent, que le *prix de revient* d'une denrée est chose essentiellement locale, et que telle culture, rémunératrice quand la dépense totale s'élevait, comme dans l'Est pour le blé, entre 400 et 500 fr. à l'hectare, peut cesser de l'être si la dépense monte à 700 ou 800 fr. C'est par l'examen des résultats d'une culture faite dans des conditions bien déterminées qu'on peut arriver à des données précises sur ses avantages, et l'on ne doit pas étendre à tout un pays les conclusions tirées du régime cultural d'une région. J'ai choisi celle de l'est de la France, parce que j'ai sous la main toutes les vérifications désirables des faits que j'avance; je n'ai garde d'en tirer, sans modifications, des conclusions applicables aux terres de certaines régions exceptionnelles, soit par leur fécondité, soit par le prix très élevé de la terre. La méthode scientifique, pouvant seule conduire à des déductions pratiques de valeur certaine, exige que les termes du problème soient toujours nettement définis; elle s'applique à l'étude des cultures de tous les sols, de toutes les régions, mais à la condition de tenir compte des différences locales : valeur du sol, prix de fermage, nature du terrain et des fumures, facilité des débouchés, prix de la main-d'œuvre, etc. De toutes ces conditions variables d'un lieu à l'autre, j'en veux ici examiner une : la composition chimique du fumier de ferme, sa valeur argent et ses conditions générales de production.

Composition chimique et valeur du fumier. — On désigne sous le nom de fumier le mélange des excréments solides et liquides des animaux de la ferme avec la litière. Suivant le mode d'alimentation du bétail, la nature de la litière (pailles de diverses origines, feuilles, tourbe, terre), le mode de conservation et la durée du séjour à l'air ou à l'étable, la richesse du fumier en principes fertilisants varie notablement. Indépendamment de la matière organique non azotée qu'il apporte au sol, matière organique sur l'importance de laquelle j'ai insisté déjà [1], le fumier tire sa valeur fertilisante de trois corps principaux : la matière azotée, l'acide phosphorique et la potasse. Ce sont les seuls éléments que nous ferons entrer en ligne de compte dans les calculs relatifs à la valeur intrinsèque du fumier, aucun document précis ne permettant l'évaluation en argent de la valeur incontestable de la matière organique non azotée qui forme la masse de cet engrais.

Par la nature même de son origine, le fumier présente, surtout à l'état frais, peu d'homogénéité : la prise d'un échantillon moyen d'un tas de fumier destiné à l'analyse offre des difficultés que connaissent tous les chimistes qui s'occupent de travaux agricoles; il résulte de là que l'analyse d'un échantillon de fumier envoyé par un agriculteur à un laboratoire ne peut donner à l'expéditeur qu'une idée assez vague sur la composition moyenne des fumures qu'il porte dans ses champs.

La méthode d'évaluation indirecte que je ferai connaître tout à l'heure et que j'applique chaque fois que

1. Voir chapitres III et IV, p. 20.

la comptabilité-matières de l'exploitation étudiée le permet, conduit à des résultats beaucoup plus sûrs. Imaginée et recommandée en Allemagne, il y a plus de quinze ans déjà, par MM. Henneberg, Stohmann, E. Wolff, etc., cette méthode de calcul que j'ai cherché à propager depuis cette époque devrait être adoptée dans toutes les fermes où existe une comptabilité-matières exactement tenue.

C'est donc avec ces restrictions qu'il faut se servir des nombres moyens donnés dans les ouvrages d'agriculture pour représenter la composition du fumier; c'est aussi sans leur attribuer une valeur absolue que je les prendrai pour termes de comparaison dans ce qui va suivre.

E. Wolff donne, dans ses tables de composition des engrais [1], les chiffres suivants :

1 000 kilogr. contiennent :

	Eau.	Azote.	Acide phosphorique.	Potasse.
	kil.	kil.	kil.	kil.
Fumier frais...........	710	4,5	2,1	5,2
Fumier consommé.....	750	5,0	2,6	5,8
Fumier très consommé.	790	5,8	3,0	5,0

La composition déduite par MM. Lawes et Gilbert de nombreuses analyses des fumiers des grandes exploitations des environs de Rothamsted et l'analyse faite à la Station agronomique de l'Est du fumier employé l'an dernier dans un champ d'expériences de Tomblaine, conduisent aux résultats suivants :

1. *Landwirtschaftlicher Kalender für 1886*. Berlin.

1 000 kilogr. contiennent :

	Eau.	Azote.	Acide phosphorique.	Potasse.
	kil.	kil.	kil.	kil.
Fumier de Rothamsted.	760	6,38	2,26	3,19
Fumier de Tomblaine..	736	3,20	3,58	3,20

Ces chiffres montrent l'étendue des écarts que peuvent présenter, dans leur composition, les fumiers de ferme de diverses provenances. La richesse exceptionnelle en azote du fumier de Rothamsted tient à l'excellent mode d'alimentation du bétail anglais, auquel on donne beaucoup de fourrages concentrés, et notamment de tourteaux[1]. Ces analyses indiquent, en outre, le peu de précision des termes : vingt, trente mille kilogrammes de fumier à l'hectare. S'agit-il de Rothamsted, trente tonnes de fumier représentent 191 kilogr. et demi d'azote. Parle-t-on de Tomblaine, la même quantité correspondrait à 60 tonnes environ, soit à un poids double du premier.

Voyons maintenant quelle valeur argent représentent ces deux fumiers d'après leur teneur en principes fertilisants. Aux cours actuels, on peut prendre comme bases d'évaluation (chiffres maxima) les prix suivants : 1 fr. 80 par kilogr. d'azote ammoniacal ou nitrique; 0 fr. 65 par kilogr. d'acide phosphorique (soluble dans l'eau ou le citrate); 0 fr. 45 par kilogr. de potasse. D'après ces données, on trouve pour les fumiers en question :

1. L'Angleterre consomme notamment, par année, plus de 100 millions de tourteaux de graines de coton.

	Rothamsted.	Tomblaine.
Azote à 1 fr. 80 le kilogr.	$6^k,38 = 11^f,48$	$3^k,20 = 5^f,76$
Acide phosphorique à 0,65 le kilogr...............	2 26 = 1 47	3 58 = 2 33
Potasse à 0,45 le kilogr..	3 19 = 1 44	8 20 = 3 69
Valeur des 1,000 kilogr...........	$14^f,39$	$11^f,78$

Le facteur dominant de la richesse et par conséquent de la valeur du fumier est l'azote qu'il renferme; il entre pour 79 p. 100 dans la valeur estimative du fumier de Rothamsted et pour 49 p. 100 seulement dans celle du fumier de Tomblaine, par suite de la richesse exceptionnelle de ce dernier en potasse. Sur quoi donc sir J. B. Lawes, avec son expérience demi-séculaire des choses de l'agriculture, se fonde-t-il pour n'attribuer qu'une valeur de 7 francs, au maximum, à une fumure qui contient pour une somme double de principes fertilisants? Voici la traduction de la lettre qu'il m'écrivait, à ce sujet, le 1er décembre 1884 :

« Je ne pense en aucune façon qu'un poids donné d'azote, de potasse ou d'acide phosphorique (contenus) dans le fumier produise une récolte plus forte que le même poids de ces corps appliqués sous la forme de sels minéraux. Il est presque certain au contraire que, sous ce dernier état, l'azote, l'acide phosphorique et la potasse produisent plus rapidement leur effet. Le nitrate de soude donne son plein effet dès la première récolte, tandis que je suis disposé à penser que l'influence du fumier n'est épuisée qu'après dix ou vingt ans [1]. Par ce motif, j'estime

1. Suivant la nature du sol.

les principes chimiques du fumier plus bas qu'à leur valeur dans les engrais artificiels. Aujourd'hui, l'azote dans le sulfate d'ammoniaque ou dans le nitrate de soude ne vaut pas plus d'un franc quarante centimes le kilogr. (en Angleterre). Dans ce pays, je ne puis donc attribuer au fumier une valeur supérieure à 6 ou 7 francs les 1 000 kilogr. »

Trois faits principaux découlent de ce que nous venons de voir : 1° La richesse du fumier varie, dans d'énormes proportions, du simple au double ou plus avec l'alimentation du bétail. 2° Le cultivateur doit apporter le plus grand soin à la récolte et à l'entretien des fumiers, puisqu'au prix moyen de 7 fr. les 1 000 kilogr. c'est cet engrais qui lui fournit les principes fertilisants au meilleur marché [1], sans compter que le fumier ameublit le sol et aide à son aération par ses propriétés physiques et par les matières organiques qui le constituent. 3° Enfin, le terme générique du fumier n'implique rien de précis au point de vue de la restitution faite à la terre des principes chimiques que les récoltes lui ont enlevés. La conséquence

1. Le fumier de ferme, payé 20 fr. les 1 000 kilogr., est acheté beaucoup trop cher : les cultivateurs qui ne peuvent se le procurer dans les prix de 8 à 10 fr. les 1 000 kilogr. auraient tout avantage à le remplacer par des engrais chimiques. Produisant dans ce cas, avec une dépense moindre pour la fumure, des récoltes plus abondantes, ils arriveraient rapidement à compenser, par les résidus des récoltes dans le sol (racines, chaumes, etc.), la quantité de matière organique dont la substitution des engrais minéraux au fumier de ferme priverait momentanément leur sol. D'ailleurs, des composts de paille, sarments de vignes, herbes de qualité médiocre, pourraient servir à compléter la fumure organique du sol.

de cette dernière observation est la nécessité, dans une exploitation de quelque importance, d'appliquer à la production du fumier et à l'évaluation de sa qualité une méthode plus exacte que l'analyse chimique directe. Celle-ci ne peut, en effet, porter que sur de petits échantillons, dont le prélèvement présente des difficultés sérieuses et dont la composition ne peut donner une idée exacte de celle de la masse d'où ils proviennent.

La méthode préconisée par MM. Henneberg, Wolff, etc., repose sur les faits suivants : les aliments qu'on donne au bétail présentent une digestibilité relative différente, suivant leur nature et suivant les animaux ; ils sont plus ou moins bien assimilés pendant l'acte de la digestion, et la quantité de résidus qui forme la partie active du fumier varie d'un aliment à l'autre et même d'un des principes d'un fourrage à un autre principe du même fourrage. On désigne par coefficient de digestibilité le taux pour 100 d'un aliment utilisé par l'animal. De nombreuses expériences sur l'alimentation des animaux de la ferme ont permis de fixer très approximativement le coefficient de digestibilité des principaux fourrages et d'en dresser des tables d'un usage commode. Un exemple va montrer l'importance des renseignements fournis par les expériences auxquelles je fais allusion. Nous avons étudié d'une façon complète, M. Leclerc et moi, au laboratoire de la Compagnie générale des Voitures, la digestibilité du foin de prairie chez le cheval, dans les diverses conditions d'emploi de cet animal, au pas, au trot à vide ou avec traction. Une longue série d'expériences, dont la base est l'analyse du fourrage et des excréments dans les diverses conditions d'activité du cheval, nous a montré que les divers principes dont se compose le foin de prairies : substance sèche totale, matières azotées, cellulose brute, cellulose saccharifiable et amidon, sont très inégalement assimilés par le cheval. Les coefficients de digestibilité de ces divers principes varient dans les limites suivantes, avec le repos, la marche, le trot et le travail mécanique effectué :

	Quantités digérées pour 100 gr. ingérés.
Substance sèche	39 à 44
Matières azotées	37 à 49
Matières non azotées	44 à 51
Cellulose brute	32 à 40
Cellulose saccharifiable	36 à 51
Amidon	34 à 90

Ce qui est vrai des divers principes d'un fourrage l'est également des divers fourrages, comparés les uns aux autres. Je reviendrai un jour sur ce sujet fort important pour les éleveurs, et je prie mes lecteurs de vouloir bien me croire sur parole pour l'instant.

Pour arriver à l'évaluation très approchée de la quantité et de la composition chimique du fumier de ferme produit dans une exploitation, il suffit, en partant des connaissances physiologiques acquises aujourd'hui sur la nutrition des animaux, d'être en possession des données numériques suivantes :

1° Quantité et composition moyenne des fourrages et aliments consommés à l'étable et à l'écurie;

2° Coefficients de digestibilité des principes fertilisants contenus dans les aliments : azote, acide phosphorique, potasse, chaux et magnésie;

3° Quantités moyennes d'excréments secs et d'urine, fournis par 100 kilogr. de poids vif des diverses espèces d'animaux;

4° Poids vif des animaux existant sur l'exploitation;

5° S'il s'agit de vaches laitières, de jeunes animaux en voie de croissance ou d'animaux à l'engrais, il faut tenir compte des quantités d'azote, d'acide phosphorique, etc., fournies par les aliments au lait, aux os et aux tissus des jeunes bêtes ou à l'accroissement des animaux à l'engrais;

6° Enfin, poids et composition des litières.

En combinant ces divers éléments, ce qui est rendu facile aujourd'hui par les tables de composition des fourrages, du corps des animaux de la ferme et de leurs excréments, tables dressées avec une exactitude très suffisante, d'après les nombreux travaux des chimistes et agronomes français et étrangers, on arrive aisément, pour une exploitation donnée, à évaluer, beaucoup plus rigoureusement que par l'analyse et par les pesées directes, la quantité et la qualité du fumier produit.

En soustrayant des quantités de chacun des principes fertilisants contenus dans les aliments celles qui ont été assimilées par les animaux, ce que permettent les tables dont j'ai parlé plus haut, on obtient par différence les poids d'azote, de potasse, etc., éliminés par l'acte de la digestion et qui, ajoutés aux mêmes principes renfermés dans les litières, constituent avec ces dernières le fumier produit. J'aurai occasion, quand j'aborderai la question si intéressante de l'alimentation rationnelle du bétail, de donner des exemples de ce genre de calcul, très simples quand on en a réuni tous les éléments.

Nous avons constaté tout à l'heure la richesse considérable du fumier de Rothamsted en azote et indiqué qu'elle tient à celle des aliments consommés par le bétail anglais. Cette observation m'amène tout naturellement à répondre à plusieurs cultivateurs qui m'ont consulté cette année sur l'emploi du blé et du seigle dans l'alimentation des bêtes à cornes, bœufs et vaches laitières. Par suite d'un calcul absolument erroné, ou plutôt, faute de calculer, un certain nombre d'agriculteurs qui font depuis longtemps, avec grand succès, usage des tourteaux de graines de coton pour l'alimentation de leur bétail, ont pensé, à raison du bas prix des céréales, pratiquer une opération économique et bien comprise en substituant le blé ou le seigle aux tourteaux alimentaires de coton. La réponse que je leur ai adressée, intéressant tous les éleveurs placés dans les mêmes conditions que mes honorables correspondants, trouvera utilement place en manière de conclusion à ce que je viens de dire du fumier.

La question que soulève cette substitution des céréales à un aliment concentré comme le tourteau alimentaire de coton présente trois points de vue distincts, comme toute question qui a trait à l'alimentation du bétail. Premièrement : la valeur absolue de l'aliment pour le but que se propose l'agriculteur (élevage, lactation, engraissement). Deuxièmement : côté économique, valeur relative de l'aliment comparé à d'autres. Troisièmement enfin : valeur du fumier obtenu suivant le régime d'alimentation adopté. Pour qu'un aliment destiné au bétail soit préféré à un autre par le cultivateur, il faut qu'à prix égal, par kilogramme de principe nutritif (matière azotée, amidon et matières grasses, éléments dominants de tout aliment), il donne de meilleurs résultats que lui ; qu'il augmente la quantité et la qualité du lait s'il s'agit de vaches laitières, le croît ou l'engraissement s'il est question de jeunes animaux ou de bêtes à l'engrais. En outre, plus il sera riche en azote, plus grande, nous l'avons vu, sera la valeur agricole du fumier produit. Or tous les agriculteurs qui, à ma connaissance, font, depuis dix ans, usage sur une grande échelle des tourteaux alimentaires de coton, ont constaté un rendement plus élevé en lait d'excellente qualité, entièrement exempt de mauvais goût, ce qui n'arrive pas avec tous les tourteaux oléagineux, certains d'entre eux communiquant au lait une saveur très désagréable. Ils ont reconnu, de même, l'avantage de ces tourteaux pour l'engraissement du bétail. Le seul motif qui décide quelques-uns de ces cultivateurs à songer à la substitution des céréales aux tourteaux, c'est le bas prix du blé et du seigle. Indépendamment de l'objection tirée de ce que l'appareil digestif des ruminants exige des fourrages volumineux dont les aliments concentrés ne doivent être que des compléments, leur estomac n'étant point adapté à l'alimentation avec du grain, la discussion économique de cette substitution la condamne entièrement, comme il est aisé de s'en convaincre. Le cultivateur qui se plaint à juste titre de ne pouvoir vendre aujourd'hui son blé plus de 21 francs le quintal et son seigle au-dessus de 16 francs, ne se doute pas, lorsqu'il substitue les céréales dans le rationnement de son bétail aux tourteaux alimentaires de coton, coûtant, rendus à la ferme, 15 francs les 100 kilogr., que, loin de réaliser un bénéfice, il vend son blé à son bétail beaucoup moins cher qu'au marché. Supposons, pour simplifier les calculs, qu'il substitue à poids égal le blé ou le seigle au tourteau; il est facile d'établir la perte qui résulte de cette opération; rappelons d'abord la composition des trois aliments :

	Blé.	Seigle.	Tourt. de coton.
Matières azotées.	13 p. 100	11 p. 100	22 p. 100
Amidon.........	66,4 —	67,4 —	81 —
Matière grasse...	1,5 —	2,0 —	4 —

Les deux premières analyses représentent la composition moyenne du blé et du seigle, la dernière celle que les producteurs des tourteaux alimentaires garantissent à l'acheteur.

Partant de ces nombres, pour établir la valeur comparative des trois aliments, nous affecterons une valeur argent égale à l'amidon et à la matière grasse dans chacun d'eux[1] et nous déterminerons, d'après la valeur vénale réelle du blé (21 fr.), du seigle (16 fr.) et du tourteau (15 fr.), le prix de revient dans chaque aliment de la matière azotée, toujours beaucoup plus chère que les deux autres.

Ce mode d'évaluation donne les résultats suivants :

	Blé.		Seigle.		Tourteau.	
	kil. fr. c.	fr. c.	kil. fr. c.	fr. c.	kil. fr. c.	fr. c.
Amidon.	66,4 à 0 10 =	6 64	67,4 à 0 10 =	6 74	31 à 0 10 =	3 10
Matières grasses.	1,5 à 0 25 =	0 37	2,0 à 0 25 =	0 50	4 à 0 25 =	1 00
Matières azotées.	13,0 à 1 08 =	14 04	11,0 à 0 80 =	8 80	22 à 0 50 =	11 00
Prix des 100 kilogr.		21 05		16 04		15 10

On voit donc que le kilogramme de matière azotée se paye 0 fr. 50 seulement dans le tourteau alimentaire, tandis que dans le seiglé il vaut 0 fr. 80 et dans le blé 1 fr. 08. Un calcul inverse rend plus manifeste encore la perte que le cultivateur subit en faisant consommer au bétail son blé et son seigle, au lieu et place du tourteau; si l'on compte dans les céréales le kilogramme de matière azotée, d'amidon et de graisseà leurs prix de revient dans le tourteau, on constate que le blé et le seigle sont vendus au bétail au prix de 13 fr. 49 pour le blé et de 12 fr. 74 pour le seigle, soit une perte de 7 fr. 40 par quintal pour le premier

1. Nous évaluerons le prix du kilogramme d'amidon à 0 fr. 10 et celui de la matière grasse à 0 fr. 25, un kilogramme de matière grasse équivalant au point de vue nutritif à 2 kilogr. 1/2 environ d'amidon, d'après les expériences de Rothamsted.

et de 3 fr. 25 pour le second, par rapport aux prix de vente au marché.

En effet, au taux du prix de revient des principes alimentaires du tourteau, le blé et le seigle valent :

	Blé.			Seigle.		
	kil.	fr. c.	fr. c.	kil.	fr. c.	fr. c.
Amidon.....	66,4	à 0 10 =	6 64	67,4	à 0 10 =	6 74
Mat. grasses.	1,50	à 0 25 =	0 37	2	à 0 25 =	0 50
Mat. azotées.	13	à 0 50 =	6 50	11	à 0 50 =	5 50
Valeur des 100 kil........			13 51			12 74
Prix au marché..........			21 00			16 00
Perte..................			7 49			3 26

L'arithmétique s'accorde ici avec les règles les plus sûres de l'alimentation pour condamner la substitution des céréales aux aliments concentrés, tels que le tourteau. J'ajouterai que les résultats de cette substitution, au point de vue de la production du lait et de l'engraissement, ne sauraient être favorables, et qu'enfin le fumier se trouverait également très appauvri, puisque les quantités de matières azotées qu'il renfermerait après cette substitution seraient diminuées de moitié sensiblement. — Augmentation dans la dépense, diminution dans la quantité et la qualité des produits et, finalement, perte des deux côtés, tel est le résultat certain d'une substitution mal comprise.

XV

LES CHAMPS D'EXPÉRIENCES ; LEUR UTILITÉ

Création de champs d'expériences par l'Etat et par les particuliers. — Des conditions que doivent remplir l'installation et la direction d'un champ d'expériences. — Les engrais phosphatés. — Superphosphates. — Phosphate précipité. — Phosphates naturels. — Programme de cultures expérimentales en vue d'établir leur valeur fertilisante comparative.

Au premier rang des mesures qui incombent à l'État en vue d'aider au relèvement de l'agriculture, on doit placer l'organisation de l'enseignement agricole. Par ces mots, nous n'entendons pas seulement le développement des écoles existantes et la création de nouveaux centres d'instruction, mais encore et principalement l'institution, sur le plus grand nombre possible de points du territoire, d'expériences culturales bien conçues et bien dirigées. Nul enseignement ne peut mieux que celui-là convaincre la masse des cultivateurs de la nécessité de sortir des errements actuels pour arriver à accroître dans une large proportion les rendements du sol.

La comparaison, mise à la portée du cultivateur, de deux champs voisins, l'un cultivé et fumé suivant la pratique ordinaire, l'autre soumis à un régime perfectionné, sous le double rapport de la fumure et du choix des semences, vaut à elle seule plus que toutes les dissertations. L'axiome économique qu'il faut, à tout prix, faire pénétrer dans l'esprit des cultivateurs : « *Augmenter les rendements pour diminuer le prix de revient et accroître le bénéfice* », résulte avec une telle évidence de la simple vue d'un champ d'expériences bien conduit que cette méthode d'enseignement ne saurait trop être encouragée et propagée. Relégué jusqu'ici dans les établissements d'instruction, le champ d'expériences doit se multiplier et prendre rang parmi nos institutions agricoles; l'idéal serait d'en compter un par commune, afin que chacun de nos cultivateurs pût juger par lui-même des progrès et des profits à réaliser dans ses propres champs.

Si désirable que puisse être cette extension de l'expérimentation agricole à chacune des communes de France, je ne pense cependant pas qu'il faille chercher à la réaliser administrativement, comme on l'a proposé. Avant de demander à l'État de multiplier à ce point les champs d'expériences, il est nécessaire de se faire une idée nette des difficultés et j'ajouterai des dangers que comporterait une généralisation prématurée d'une mesure dont l'importance est tout entière dans la direction qui sera donnée aux essais qui en font l'objet. Rien ne serait plus préjudiciable au but que l'on se propose que l'insuccès résultant d'une mauvaise installation des expériences. L'interprétation de cet insuccès, dû en réalité à la direction défectueuse des essais, ne manquerait pas de tourner contre les principes mêmes qu'on aurait en vue de faire prévaloir : le cultivateur, constatant *de visu* que les essais de fumure ou de semences qu'on lui proposait comme modèles ont donné des résultats inférieurs à ceux de son champ, tirerait infailliblement de cette comparaison la conclusion que la routine est supérieure aux prétendus enseignements de la science agronomique.

La première condition pour amener dans l'esprit du cultivateur la conviction qu'il y a, dans beaucoup de cas, mieux à faire que ce qu'il fait, est de mettre sous ses yeux des résultats qui ne puissent être discutés. Il faut donc que les essais qui seront tentés sous le patronage ou avec le concours de l'administration de l'agriculture le soient dans des conditions qui en assurent le succès complet : pour cela, le nombre de ces essais, au début du moins, doit être restreint dans les limites du personnel apte à les diriger et à en assumer la responsabilité.

Les écoles d'agriculture, les statons agronomiques, sur l'organisation et les services desquelles nous insisterons plus loin, et les chaires départementales mettent, dans l'état actuel, à la disposition du ministère de l'agriculture un personnel éclairé et dévoué assez nombreux pour permettre immédiatement la création de plusieurs champs d'expériences dans chaque département : aller jusqu'à la commune, comme unité pour cette création, me semble à la fois impossible et dangereux pour le moment.

D'autre part, si peu proportionnée qu'elle puisse paraître à limportance du but à atteindre, la question budgétaire ne saurait être laissée de côté en pareille matière. S'il est possible, sans création d'aucun personnel spécial, au moyen d'indemnités de déplacement allouées aux fonctionnaires chargés de l'organisation et de la direction des champs d'expériences, d'installer à peu de frais des cultures expérimentales dans chaque département et même dans chaque canton, le même résultat ne pourrait être atteint dans toutes les communes qu'à l'aide d'un personnel nouveau dont le recrutement seul présenterait les plus grandes difficultés, à en juger par la pénurie des candidats aux fonctions de professeur départemental d'agriculture. Il faut laisser se former à l'Institut national agronomique et dans nos écoles d'agriculture les hommes spéciaux qui nous manquent encore avant de songer à multiplier outre mesure les installations expérimentales officielles.

Mais si, pour les raisons que nous venons de donner, nous estimons que le ministère de l'agriculture doit limiter, au début, le nombre des champs d'expériences créés avec son concours et sous son patronage direct, nous pensons, d'autre part, qu'il appartient à l'initiative privée, encouragée par les pouvoirs publics, d'organiser à brève échéance un grand nombre de champs d'expériences, dont leurs propriétaires seront les premiers à recueillir le bénéfice. Si j'en juge par la volumineuse correspondance qu'ont provoquée, de la part de mes lecteurs, les *revues* agronomiques du *Temps*, en faisant appel au bon vouloir des propriétaires, en leur indiquant clairement les conditions d'une bonne expérimentation et en leur assurant, dans ce but, le concours des directeurs des stations et des professeurs départementaux, l'administration de l'agriculture arriverait rapidement à l'organisation de champs d'expériences dont le nombre irait croissant chaque année.

Fréquemment interrogé sur la manière d'établir un champ d'expériences, sur les essais à y entreprendre, je vais chercher à répondre aussi précisément que possible aux questions qui se posent à ce sujet, notamment à celles qui ont trait à l'emploi des phosphates en agriculture. Il va sans dire que les indications auxquelles je dois forcément restreindre cette exposition ne sauraient comprendre tous les cas qui peuvent se présenter : je dois me borner à un aperçu général, laissant de côté les cas particuliers.

Les trois directions principales dans lesquelles les expériences culturales peuvent être partout entreprises avec profit ont trait : 1° à la nature des fumures les mieux appropriées aux diverses récoltes ; 2° au choix des semences ; 3° aux méthodes culturales proprement dites, labours, espacement des plantes, mode et profondeur des semis, façons du sol, etc. Nous ne nous occuperons, pour l'instant, que des deux premières séries d'essais.

Le choix du terrain consacré au champ d'expériences offre une grande importance. Il doit, autant que possible, représenter la qualité moyenne de la terre qu'on cultive. Ses dimensions sont réglées par l'homogénéité du sol, d'une part, et par la nature des essais qu'on y veut faire, de l'autre. Le point capital, qui ne doit jamais être perdu de vue dans les essais de culture, est la possibilité d'une comparaison aussi rigoureuse que possible des résultats obtenus, dans des conditions bien déterminées quoique différentes d'une expérience à l'autre. Pour cela, il est nécessaire de donner au champ d'expériences une superficie suffisante pour que les données qu'il fournira puissent s'appliquer à la grande culture : en effet, les essais faits sur quelques mètres de terrain n'autorisent pas de conclusions certaines sur les résultats que donneraient comparativement plusieurs hectares soumis au même régime. D'autre part, la nécessité de déterminer exactement le poids des diverses fumures, celui des semences et des récoltes oblige à limiter les dimensions du champ d'essais. Une surface de cinq ares, pour chacun des essais, remplit convenablement ces deux conditions : extension des résultats à une surface plus considérable ; possibilité de peser les engrais, les semences et les récoltes avec une approximation suffisante.

Une règle dont il ne faut pas se départir est de ne faire varier dans chaque essai qu'une des conditions de l'expérience à la fois. S'agit-il d'un essai de fumure? le sol de toutes les parcelles ayant reçu les mêmes cultures et porté antérieurement les mêmes récoltes recevra, par parcelle, la même quantité de chacun des engrais à expérimenter comparativement; la semence sera identique pour chaque parcelle ; toutes les façons du sol seront données en même temps à tout le champ; en un mot, toutes les conditions, sauf une, celle de la nature de l'engrais, seront les mêmes. Veut-on, au contraire, étudier la valeur prolifique de plusieurs semences, le rendement de différentes variétés de blé, de betteraves, etc.? le sol sera cultivé et fumé d'une manière identique pour chaque parcelle et la nature de la semence seule différera. C'est en s'astreignant rigoureusement à cette règle fondamentale qu'on obtiendra des résultats nets sur l'influence de tel ou tel engrais, sur la valeur de telle ou telle semence.

Les expériences devront toujours avoir une certaine durée pour permettre de généraliser leurs résultats. Les variations atmosphériques, les différences parfois si grandes que présentent deux années consécutives, sous le rapport de la sécheresse, de l'excès d'humidité, de la température, etc., doivent mettre en garde contre les conclusions prématurées. De plus, les substances fertilisantes qu'on introduit dans le sol ne sont jamais utilisées entièrement par la première récolte, de telle sorte qu'une partie seule de la dépense de la fumure est applicable à cette récolte. Il est donc nécessaire de continuer les essais pendant quelques années de suite pour en tirer, dans le plus grand nombre de cas, des déductions qu'on soit en droit d'appliquer à la culture en grand. Enfin, il doit être tenu note exactement, pendant toute la durée des essais, de l'état et des progrès de la végétation.

Les expériences bien dirigées peuvent conduire à une infinité de renseignements et d'enseignements précieux pour le cultivateur. En s'en tenant rigoureusement aux règles, très simples d'ailleurs, que je viens de rappeler, tout agriculteur peut arriver, en quelques années, à déterminer la nature des engrais et des semences qui, étant données les conditions locales de son exploitation (climat, sol, etc.), conduisent aux rendements les plus élevés. Quant au choix des engrais et des semences, s'il éprouve quelque embarras, le directeur de la station agronomique de sa région, le professeur départemental d'agriculture, sont à sa disposition et lui serviront de guide.

Aux agriculteurs désireux d'instituer des champs d'expériences et d'apporter ainsi leur contingent d'observations à la solution des problèmes d'ordre si élevé que soulève l'accroissement de fertilité du sol français, je signalerai l'étude expérimentale de la valeur comparée des diverses formes d'acide phosphorique dont je les ai longuement entretenus dans les précédents chapitres.

J'ai cherché à établir un fait d'une portée économique considérable : à savoir que l'agriculteur qui emploie aujourd'hui, comme source d'acide phosphorique, le superphosphate de chaux, dépense, pour introduire dans ses terres la même quantité d'acide phosphorique et obtenir la même récolte, au moins deux fois autant d'argent que celui qui remplace le superphosphate par les phosphates naturels en poudre.

Cette assertion, basée à la fois sur des faits d'ordre scientifique et sur quinze années d'expériences culturales, semble avoir mis à l'ordre du jour, dans la presse agricole française et étrangère, la question de l'emploi des phosphates, ce dont nous ne pouvons que nous réjouir, car il n'est guère de sujet dont l'importance pratique soit plus considérable.

L'acide phosphorique, nous l'avons vu, est indispensable à la production de tout être vivant. Puisé par la plante dans le sol qui le contient à l'état de combinaison insoluble avec la chaux, le fer et l'alumine, il est élaboré par le végétal, qui le livre sous forme de composés organiques à l'animal, qui en constitue ses tissus et la trame solide de ses os. A la transformation des phosphates insolubles du sol en aliments assimilables est donc indissolublement lié tout développement des animaux. Plus nous arrivons à transformer de matière minérale en matière vivante dans un champ, plus nous augmentons les moyens d'existence de l'homme, absolument solidaire du monde végétal. Or le sol, en général, contient de faibles proportions de phosphates (un millième à un millième et demi de son poids environ); les récoltes, à poids égal, en renferment de quatre à huit fois plus que le sol, et le bétail cent fois plus, comme l'indiquent les chiffres suivants.

1 000 kilogr. de ces substances contiennent :

	Acide phosphorique.
Sol moyen	1 » kilogr.
Blé (grain)	7,9 —
Blé (paille)	2,2 —
Foin	4,3 —
Bœuf (poids vif)	18,4 —
Veau —	15,3 —
Mouton —	10,4 —
Porc —	6,5 —

La majeure partie des récoltes et des produits qu'elles fournissent est exportée du lieu de production, d'où suit un appauvrissement du sol en acide phosphorique assez rapide pour qu'il n'y ait plus guère de terres en France où l'on ne soit obligé de rapporter ce composé, sous une forme ou sous une autre, afin de maintenir leur fertilité.

Voilà pour l'épuisement du sol. Par quels moyens s'opère ou peut s'opérer la restitution? Le fumier de ferme contient, par tonne métrique, deux à trois kilogrammes d'acide phosphorique, provenant lui-même du sol. La restitution sous forme de fumier produit sur l'exploitation sera toujours incomplète, puisque ce dernier ne renferme que la différence entre l'acide phosphorique puisé dans le sol par les plantes et la quantité du même corps exportée à l'état de grain, de lait, de chair, etc. On a donc recours à des sources de phosphate étrangères au sol cultivé pour restituer à celui-ci le phosphore emporté par les divers produits de la ferme.

Avant la découverte des gisements de phosphates naturels, c'est aux os des animaux qu'on eut recours pour pratiquer cette restitution. L'assimilation du phosphate des os par les plantes se faisant très lentement, en raison de leur résistance à la décomposition, on eut l'idée de les broyer. Liebig conseilla plus tard de les traiter par l'acide sulfurique pour les désagréger plus rapidement et pour rendre soluble le phosphate de chaux qui en constitue les quatre dixièmes environ. De là est née l'industrie des superphosphates, qui a pris un développement très considérable, les résultats obtenus avec leur aide ayant été très marqués dans la plupart des sols, par suite de l'épuisement de ces derniers en acide phosphorique.

Comment agit le superphosphate de chaux et comment se comporte-t-il dans le sol? Question préalable de la plus haute importance pour décider du choix d'un engrais phosphaté et sur laquelle je n'hésite pas à revenir encore.

L'acide phosphorique forme avec la chaux trois combinaisons principales, dont les trois groupes d'engrais phosphatés du commerce donneront une idée assez exacte aux cultivateurs étrangers à la chimie. La première correspond au *superphosphate* et renferme, pour 71 grammes d'acide phosphorique, 28 grammes de chaux; la deuxième constitue la masse du *phosphate précipité* et, pour le même poids d'acide phosphorique, contient deux fois plus de chaux que le superphosphate; enfin le phosphate naturel en poudre (coprolithes, phosphorites, etc.) correspond à la troisième forme et renferme trois fois plus de chaux que le superphosphate. Ce dernier seul, parmi les combinaisons que je viens d'énumérer, est soluble dans l'eau; les deux autres ne peuvent se dissoudre que dans les liquides alcalins ou acides. Partant de cette idée erronée que les racines des végétaux ne peuvent absorber que des corps dissous dans l'eau, on a, sans y regarder plus loin, admis comme l'engrais phosphaté le plus efficace, et pour un temps comme le seul efficace, le superphosphate qu'on savait être soluble dans l'eau à froid.

Il nous a été facile d'établir, en nous fondant sur la pratique agricole autant que sur les recherches scientifiques les plus précises, que cette solubilité du superphosphate dans le sol auquel cet engrais devrait sa valeur fertilisante n'existe pas et que l'incorporation du superphosphate à la terre végétale a précisément pour effet de lui faire perdre très rapidement la propriété de se dissoudre dans l'eau en le transformant, suivant les cas, en phosphate bi ou tribasique de chaux, en phosphate de fer et d'alumine, tous également insolubles dans l'eau. Bien plus, c'est à la condition d'avoir perdu sa solubilité et d'avoir été préalablement et complètement neutralisé par les bases contenues dans le sol que l'acide phosphorique du superphosphate devient fertilisant. S'il restait à l'état de superphosphate, il serait un poison pour les plantes qui ne supportent pas d'acidité du sol.

Les belles expériences de M. Joly sur les *Transformations réciproques des phosphates de chaux* [1] sont

1. M. Joly, sous-directeur du laboratoire des hautes études à l'École normale supérieure, a publié dans les *Annales de la*

venues tout récemment donner la démonstration rigoureuse d'un fait qui confirme pleinement ce que l'expérience agricole avait conduit à affirmer.

J'ai dit déjà qu'en étudiant les réactions du superphosphate de chaux, chimiquement pur, avec l'eau, M. Joly a établi, dans ce remarquable travail, que le phosphate à un équivalent de chaux (superphosphate) n'est stable qu'à l'état solide. Dès qu'on le met en présence de l'eau et de substances qui peuvent réagir, soit sur l'acide phosphorique libre (chaux, fer, alumine) pour le saturer, soit sur la chaux pour le déplacer, il se transforme en phosphate bicalcique ou en phosphate tricalcique (phosphate précipité; phosphate naturel).

Ainsi donc, dès que nous introduisons du superphosphate de chaux dans la terre où ne font jamais défaut les quantités de chaux, de fer ou d'alumine plus que suffisantes pour saturer l'acide du superphosphate, à la première pluie il se produit, suivant les cas, des phosphates de chaux, d'alumine et de fer, tous insolubles dans l'eau et analogues, sinon identiques, aux phosphates naturels qu'on n'a point soumis à l'action de l'acide sulfurique. Loin de regretter qu'il en soit ainsi, le cultivateur doit s'en applaudir, car, si le superphosphate ne rencontrait pas, dès son contact avec le sol, les bases qui en détruisent l'acidité, il deviendrait, comme je le disais tout à l'heure,

science agronomique française et étrangère, t. II, p. 270, un mémoire très intéressant sur cette importante question. In-8, Berger-Levrault, Paris, 1885.

un véritable poison pour la plante, aucun végétal supérieur [1] ne pouvant vivre dans un milieu acide.

L'addition de superphosphate au sol a donc pour résultat d'y introduire de l'acide phosphorique rendu soluble par une manipulation qui en double le prix de revient, acide soluble qui ne devient fertilisant qu'à la condition d'être ramené, par les éléments basiques du sol, à un état analogue, sinon identique, à celui sous lequel il existait dans la matière qui a servi à l'obtenir. On sait, en effet, que les superphosphates ne sont autre chose que des phosphates minéraux ou de la poudre d'os (phosphate tribasique de chaux, d'alumine ou de fer) décomposés par l'acide sulfurique. En résumé, 1 kilogr. d'acide phosphorique coûte dans le phosphate naturel des Ardennes de 28 à 30 centimes; lorsque le même phosphate a été traité par l'acide sulfurique, il revient à 60 ou 65 centimes et coûtait naguère encore 0 fr. 80 à 1 fr. le kilogr., et c'est seulement lorsqu'il aura repassé à l'état primitif qu'il sera fertilisant.

Avant de quitter le terrain scientifique, deux mots encore sur la troisième forme de phosphate. Lorsqu'on a dissous, dans un acide énergique, le phosphate naturel à trois équivalents de chaux et qu'on neutralise la liqueur par un excès de chaux, on obtient ce que l'on désigne dans le commerce sous le nom de *phosphate précipité*, mélange de phosphate bibasique avec une quantité de phosphate tribasique,

1. Certains champignons végètent au contraire dans des solutions acides très concentrées.

variable suivant le mode de préparation et de dessiccation du produit.

C'est le phosphate précipité, dont la valeur agricole a été longtemps considérée en Allemagne comme tout à fait inférieure à celle du superphosphate et que les essais culturaux poursuivis pendant huit ans dans les champs de la Station agronomique de l'Est, et par M. Petermann dans le laboratoire de la Station agronomique de Gembloux, ont démontré être tout aussi efficace que le superphosphate. Nos expériences ont été répétées en Allemagne, en Angleterre, en France, et la cause du phosphate précipité est aujourd'hui gagnée ; il est hors de doute que son action fertilisante égale celle des superphosphates. Il n'en pouvait être autrement, puisque le superphosphate n'agit, comme nous venons de le démontrer, qu'après avoir été transformé en phosphate insoluble, comme l'est le phosphate précipité.

Employés depuis trente ans bientôt, avec le plus grand succès, dans les Landes, en Bretagne, en Sologne, en un mot dans les sols les plus pauvres en acide phosphorique, les phosphates naturels (phosphates tribasiques), d'après l'avis de certains agriculteurs, devaient être réservés aux sols acides, capables de les dissoudre et de les mettre ainsi à la disposition des racines. C'est, on le voit, toujours la théorie fausse de l'assimilation des matières minérales par les plantes, assimilation possible seulement lorsque ces dernières rencontrent les éléments nutritifs à l'état de dissolution.

En se fondant sur les réactions qui s'accomplissent dans le sol, d'une part, et, de l'autre, sur ce fait indiscutable que des terres très fertiles ne contiennent d'acide phosphorique qu'à un état absolument insoluble et tout à fait identique à celui des phosphates naturels des Ardennes, du Cher ou du Pas-de-Calais, on est conduit, *a priori*, à conclure que les terres non acides, mais épuisées en acide phosphorique, devront recouvrer leur fertilité par l'addition de phosphate naturel en poudre. L'expérimentation a vérifié cette prévision. Les huit années d'expériences dont j'ai communiqué les résultats, en 1881, au congrès des directeurs des stations agronomiques, ont été depuis répétées en Angleterre, en Allemagne et même en Amérique; elles ont donné des résultats tout à fait voisins de ceux que j'avais obtenus, à savoir que les phosphates naturels à poids égal d'acide phosphorique fournissent des rendements en végétaux peu inférieurs à ceux que produit le superphosphate pour une dépense double.

C'est précisément sur ces essais de la valeur agricole comparative des différents phosphates naturels et du superphosphate que j'appelle tout particulièrement l'attention de ceux de mes lecteurs qui se proposeraient d'établir des champs d'expériences. Il y a là deux ordres de faits à étudier :

1° Comparer (toutes conditions étant égales d'ailleurs) la valeur agricole des phosphates, c'est-à-dire l'augmentation de rendement obtenue, avec la même quantité d'acide phosphorique par hectare (100 kilogr.

par exemple) donné sous les quatre formes suivantes : superphosphate minéral, phosphate précipité, phosphate naturel en poudre (Ardennes, Cher, Haute-Saône, Lot, Yonne, Pas-de-Calais, etc.) et scories Thomas-Gilchrist. Il y a lieu naturellement d'associer l'azote et la potasse en proportions convenables et identiques dans tous les essais à l'acide phosphorique.

2° Comparer la valeur agricole des phosphates naturels de provenances diverses. Ce dernier point n'est pas encore bien élucidé.

Les phosphates naturels qu'on exploite aujourd'hui en vue des emplois agricoles ont deux origines qui paraissent bien distinctes et sur lesquelles je reviendrai : les uns (coprolithes, pseudo-coprolithes, etc.) semblent être, à un degré quelconque de conservation, des résidus de produits organiques, animaux ou végétaux. Les autres (phosphorites, apatites, phosphates du Lot, etc.) sont incontestablement d'origine essentiellement minérale. En tout cas, ils présentent un état d'agrégation, de cristallisation, pour certains d'entre eux, de dureté et de texture pour tous, qui peut rendre leur désagrégation et leur dissolution par les liquides contenus dans les racines de la plante plus difficiles ou plus lentes. L'expérience peut seule prononcer : si, répétée, la même année, dans des sols et sous des climats différents, elle conclut en faveur de l'assimilabilité de ces phosphates, il restera à déterminer dans quelles conditions on peut hâter leur désagrégation ; si, au contraire, il est reconnu, comparativement avec l'emploi des coprolithes des Ardennes, de la Meuse ou du Cher, de l'Yonne, etc., que les phosphates d'origine exclusivement minérale ne sont pas assimilés, après une courte exposition aux actions atmosphériques, il faudra les réserver pour la fabrication des superphosphates ou leur faire subir un traitement spécial pour les désagréger. *A priori*, j'estime que, moulus en poudre très fine, presque tous les phosphates minéraux doivent être assimilables, mais l'expérience directe peut seule trancher la question. Je crois utile de faire connaître, comme spécimens d'essais, le programme des expériences de l'École d'agriculture Mathieu de Dombasle pour 1886 : je serais très heureux si les considérations qui précèdent et les indications qui suivent pouvaient engager quelques agriculteurs à en tenter d'analogues sur différents points de la France.

Il s'agit en effet de millions de francs à économiser tous les ans, par la substitution des phosphates naturels aux superphosphates. L'intérêt des agriculteurs est d'arriver le plus promptement possible à une solution décisive; aussi fais-je appel à tous les propriétaires soucieux du progrès, en les engageant à provoquer autour d'eux des expériences bien faites sur cette importante question.

XVI

CHAMP D'EXPÉRIENCES DE TOMBLAINE

Le champ d'expériences de l'Ecole Mathieu de Dombasle en 1886. — Programme des essais sur la valeur agricole des diverses formes d'acide phosphorique. — Essais sur la culture de l'avoine.

En agriculture, plus qu'en toute autre branche des sciences appliquées, il est indispensable de multiplier les expériences pour en pouvoir tirer des conclusions de valeur générale. Aux conditions si diverses de nature chimique et physique des sols, d'autant moins faciles à préciser *a priori* qu'elles sont variables parfois d'un point d'arrondissement ou d'une commune à l'autre, viennent s'ajouter, pour compliquer la question, les différences de climat, de régime des eaux... C'est donc seulement d'un ensemble considérable d'expériences faites simultanément, dans des conditions identiques, pour ce qui dépend de l'expérimentateur, qu'on peut arriver à tirer des conclusions susceptibles de généralisation, concernant l'influence de tel ou tel engrais, de telle ou telle semence sur les rendements du sol.

Parmi les questions qui s'imposent au premier chef à l'attention du cultivateur, dont l'objectif doit être de porter le rendement de ses champs au maximum, avec les moindres frais possibles, se place l'application rationnelle des engrais et notamment l'emploi agricole des phosphates. En exposant ici le plan des expériences culturales que nous mettons à exécution cette année, M. H. Thiry et moi, sur les champs d'essais de l'École Mathieu de Dombasle, je suis mû par la pensée que le programme de nos essais, présenté comme un spécimen et non comme un modèle, pourra guider les cultivateurs désireux d'expérimenter méthodiquement la valeur relative des différentes formes de l'acide phosphorique. Il est certain, pour moi, que la réalisation d'expériences identiques aux nôtres, la nature du sol variant seule, sur le nombre le plus considérable possible de points du territoire français, fournirait de précieux éléments de discussion sur la question si importante, si neuve et par conséquent si controversée encore de la valeur agricole comparative des différents phosphates. Le jour, en effet, où il sera avéré pour tous les cultivateurs, d'après leur propre expérience, que l'emploi de phosphates minéraux en poudre fine produit, dans presque tous les cas, une fertilisation du sol égale à celle qu'on demande aujourd'hui au superphosphate ; le jour où, de plus, on aura déterminé expérimentalement la valeur relative des phosphates en poudre suivant leur provenance, l'agriculture réalisera, dans l'emploi de l'acide phosphorique, dont elle ne peut se passer, une économie, en argent, de 50 à 60 p. 100, écart existant entre les prix de l'acide phosphorique dans les phosphates en poudre et dans les superphosphates.

Le champ d'essais de l'École Mathieu de Dombasle, consacré, cette année, à l'avoine placée en tête d'une rotation, ce qui permettra de suivre l'action des phosphates répandus ce printemps sur les récoltes qui succéderont à cette céréale, est institué en vue de l'étude de cette importante question. Je vais entrer, au sujet de notre programme d'expériences, dans tous les détails nécessaires pour en bien fixer les conditions et permettre aux agriculteurs qui y seraient disposés d'instituer des essais dont les résultats soient de tous points comparables à ceux que nous obtiendrons, sauf, bien entendu, la nature du sol et celle du climat, qui échappent à notre action.

Nature géologique et chimique du sol. — Le village de Tomblaine est situé sur l'étage liasien du système liasique. On y trouve fréquemment des fossiles caractéristiques de cet étage, notamment l'*ammonites davœi*, l'*hippopodium ponderosum*, etc. La base minéralogique du sol est formée par le liasien; mais à Tomblaine ce dernier est recouvert par une couche d'épaisseur très variable de diluvium composé, comme sur la plupart des autres points de la région, de sable fin plus ou moins argileux, mélangé de cailloux roulés de quartzite.

La composition chimique du sol est celle que j'ai déjà indiquée, mais qu'il me paraît utile de rappeler :

	kil.
Azote pour 100 kil. de terre sèche........	0,122
Potasse — —	0,113
Chaux — —	0,112
Magnésie — —	1,000
Acide phosphorique —	0,093

C'est donc un sol très médiocre, au point de vue de sa richesse en principes fertilisants, condition favorable à l'expérimentation des engrais chimiques.

Plan général des essais. — Nous nous proposons, M. Thiry et moi, de commencer l'étude comparative de l'influence de l'acide phosphorique à divers états et sous différentes formes sur le rendement du sol pour une récolte d'avoine. La parcelle de terre destinée à ces essais a une contenance d'un hectare : elle n'a reçu aucune fumure depuis 1880. En prairie temporaire de 1882 à 1884, elle a été ensemencée, sans fumure, en avoine de Pologne, l'an dernier. On a récolté 15 q. m. 66 et 20 q. m. 28 de paille. L'avoine pesait 53 kilogr. à l'hectolitre; la récolte a donc été de 29 hectol. 1/2.

Divisée en onze parcelles d'une contenance de 9 ares 09 centiares l'une, cette pièce, labourée avant l'hiver, a été ensemencée le 7 avril en avoine du Canada; elle a reçu une fumure chimique, à l'exclusion du fumier de ferme, composée des éléments fertilisants suivants, rapportés à l'hectare : 300 kilogr. d'acide phosphorique, 50 kilogr. d'azote, 50 kilogr. de potasse.

La potasse, donnée à dix de ces parcelles sous forme de kaïnite brute (voir p. 66) [400 kilogr. de sel à l'hectare], a été introduite dans le sol en même temps que les phosphates dont il va être question; l'azote a été fourni sous une seule forme pour les dix parcelles, à l'état de nitrate de soude (350 kilogr. à l'hectare). L'acide phosphorique a été apporté à chacune des dix premières parcelles (la onzième servant de témoin et ne recevant aucune fumure) sous l'une des formes suivantes : 1° phosphate tribasique de chaux des nodules dans les parcelles une à huit; 2° phosphate de fer (scories de déphosphoration) dans la neuvième parcelle; 3° à l'état de superphosphate de noir dans la dixième.

La onzième parcelle, destinée à servir de témoin, règne dans toute la longueur du champ d'essai, de manière à participer de la nature de chacune des parcelles diversement fumées, dont elle forme l'extrémité inférieure. Le tableau suivant indique les taux d'acide phosphorique de chacun des phosphates employés et la quantité de ces phosphates, correspondant aux 300 kilogr. d'acide phosphorique donnés à l'hectare [1].

1. Un autre champ, dans le même terrain, d'une contenance de 73 ares, est consacré cette année à la culture de l'avoine avec fumure chimique suivante : potasse, 35 kilogr. à l'hectare, guano, superphosphate de noir, scories de déphosphoration; phosphate précipité et nitrate à doses égales d'azote, d'acide phosphorique et de potasse. Une parcelle a reçu 6 000 kilogr. de scories de déphosphoration, à titre d'essai.

PROVENANCE DES PHOSPHATES	TAUX P. 100 D'ACIDE PHOSPHORIQUE	QUANTITÉ A L'HECTARE	
		PHOSPHATES	ACIDE PHOSPHORIQUE
		kil.	kil.
1. Phosph. naturel du Cher..........	14 »	2,140	300
2. — des Ardennes.....	19,97	1,500	300
3. — de l'Auxois.......	30,20	1,000	300
4. — de l'Yonne........	30,21	1,000	300
5. — du Midi..........	27,90	1,075	300
6. — de Mons (Belgique).	18,94	1,580	300
7. — de Saint-Antonin..	18,43	1,620	300
8. — de Belgique (Ciply).	27,64	1,083	300
9. Scories de déphosphoration......	16,25	1,840	300
10. Superphosphate minéral.........	14,59	2,000	300
11. Rien..........................	»	»	»

Semés à la volée, par une journée humide, en mélange avec 400 kilogr. de kaïnite brute, correspondant à 50 kilogr. de potasse à l'hectare, ces phosphates ont été incorporés aussi parfaitement que possible au sol par un dernier labour. On a semé ensuite l'avoine au semoir, et plus tard seulement, en couverture, le nitrate de soude. Toutes les parcelles 1 à 10 ont reçu, fin avril, 350 kilogr. de nitrate, soit 50 kilogr. d'azote environ.

Le champ d'essais étant parfaitement homogène, ayant reçu mêmes cultures et des fumures égales, ensemencé avec la même variété d'avoine, ne présente donc, dans ses diverses parcelles, *qu'une seule condition variable :* l'origine et l'état naturel de l'acide phosphorique. Les différences que la récolte permettra de mesurer exactement (rendement en grain et en paille) seront donc vraisemblablement imputables à l'action diverse des formes sous lesquelles on aura mis l'acide phosphorique à la disposition de la plante. Il en sera de même de l'autre champ d'essai.

Les quantités des engrais employés appellent quelques observations :

Azote. — Les longues études entreprises à Rothamsted ont conduit MM. Lawes et Gilbert à constater que les céréales utilisent entre 50 et 52 p. 100 de l'azote qui a été donné au sol sous forme de sels ammoniacaux ou de nitrates. Une récolte d'avoine de 35 à 40 hectolitres à l'hectare renferme, tant dans la paille que dans le grain, environ 50 kilogr. d'azote. L'emploi de 50 kilogr. d'azote à l'hectare sous forme de nitrate assure donc une alimentation azotée complémentaire de celle du sol suffisante pour l'utilisation des phosphates.

Les nitrates non utilisés par la récolte étant exposés à être entraînés dans le sous-sol par les pluies, il y a intérêt à ne pas forcer la dose de nitrate.

Potasse. — Nos expériences de culture devant être continuées après la récolte de l'avoine et les sels de potasse, à l'inverse du nitrate, n'ayant rien à redouter de l'entrainement ultérieur par les pluies, nous avons porté à un dixième en plus environ des exigences de la récolte d'avoine la quantité de potasse donnée au sol. Une récolte de 35 à 40 hectolitres d'avoine exige 47 kilogrammes environ de potasse ; nous en appliquons 50 kilogrammes avant la semaille, quantité suffisante pour assurer la récolte.

Acide phosphorique. — Si nous n'avions en vue que la production d'avoine en 1886, nous aurions pu réduire, dans de très grandes proportions, la quantité d'acide phosphorique employée. Une bonne récolte d'avoine n'enlève pas plus de 25 à 30 kilogr. de ce corps à la terre, soit le douzième du poids d'acide phosphorique contenu dans nos engrais. L'application de 50 kilogr. d'acide phosphorique par hectare au sol de Tomblaine, soit 400 kilogr. de superphosphate, par exemple, eût probablement suffi pour satisfaire à l'alimentation de la prochaine récolte. Mais, le but que nous nous proposons étant l'étude comparative, sur une rotation de six ou huit ans, de la valeur fertilisante des divers phosphates, j'ai été conduit à augmenter dans les proportions précédemment indiquées la quantité d'acide phosphorique employée et cela pour les motifs suivants : 1° la pauvreté du sol de Tomblaine en phosphate ; 2° l'absence de tout inconvénient au point de vue économique de faire une large avance de phosphate à la terre, celle-ci le retenant énergiquement en vertu de son pouvoir absorbant ; 3° l'avantage pour la dissémination physique du phosphate dans le sol des labours répétés : les quantités de phosphate introduites aujourd'hui, en une seule fois, devant être d'autant mieux amenées à la disposition des récoltes ultérieures que le sol aura subi de plus nombreux traitements mécaniques (labours, hersages, déchaumage, etc.) ; 4° enfin l'incertitude où je suis, concernant le plus ou moins d'assimilabilité des phosphates contenus dans les scories de déphosphoration de la fonte, que j'expérimente sur une certaine échelle pour la première fois.

Ce dernier motif est déterminant. En effet, suivant que le phosphate de ces scories sera, ce que j'ignore, plus ou moins rapidement utilisable par les plantes, on pourra diminuer notablement la dose des phosphates appliqués à une récolte ou la maintenir très élevée, comme nous le faisons cette année. L'expérience prononcera. Comme il ne saurait y avoir aucun inconvénient, soit pour les récoltes, soit au point de vue de la dépense, à faire à un sol une forte avance en phosphate, et que l'étude de cet engrais est l'objet principal que nous poursuivons dans la culture de l'avoine, suivie d'autres récoltes, j'ai tenu à expérimenter l'emploi des phosphates à haute dose. L'introduction de 300 kilogr. d'acide phosphorique dans le sol de notre champ d'essais laissera une réserve suffisante pour pourvoir aux exigences de la série de plantes entrant dans la rotation. Elle nous permettra, en outre, d'étudier, dans l'avenir, comment se fait, par les labours, la répartition de cet important principe dans le sol que nous cultivons.

Sur une parcelle spéciale nous avons employé, à la dose de 6 000 kilogr. à l'hectare, des scories de déphosphoration à 8,7 pour 100 d'acide phosphorique, ce qui correspond à une fumure de 522 kilogr. d'acide phosphorique à l'hectare.

Il va sans dire que les cultivateurs qui voudraient, cette année, entreprendre des essais comparables, au point de vue de la production de l'avoine seule, aux expériences en cours d'exécution à l'École Mathieu de Dombasle, pourraient réduire notablement les quantités d'engrais ci-dessus indiquées : pourvu qu'ils conservent le principe même de ces essais, à savoir l'application, sur une même surface de terre, de quantités *égales* d'acide phosphorique à des états différents, associés, pour chaque parcelle, à même dose d'azote et de potasse, les résultats qu'ils obtiendraient seraient susceptibles de comparaison avec les nôtres.

La fumure suivante pourrait suffire à obtenir une très bonne récolte d'avoine dans les sols de moyenne qualité :

Azote à l'hectare....................	30 à 40 kil.
Potasse —	40 à 60 —
Ac. phosphorique....................	50 à 75 —

L'essentiel est d'adopter la même base pour tous les essais comparatifs et de ne faire varier, à la fois, qu'une donnée de l'expérience, l'origine et l'état de l'acide phosphorique, au cas particulier.

XVII

LES CHAMPS D'EXPÉRIENCES ET DE DÉMONSTRATION

La circulaire ministérielle du 24 décembre 1885 : champs de démonstration et champs d'expériences. — Appel à l'initiative des agriculteurs. — Choix des substances fertilisantes à expérimenter. — Mode d'épandage des engrais. — De la dissémination physique des engrais dans le sol. — Bases à adopter pour les essais de culture en vue de l'établissement du prix de revient.

La circulaire adressée le 24 décembre 1885 aux préfets par M. Gomot, ministre de l'agriculture, concernant l'institution de *champs de démonstration pratique* et de *champs d'études et de recherches*, sera accueillie avec faveur par ceux qui considèrent l'accroissement des rendements du sol et des produits des exploitations rurales comme le plus efficace des remèdes à apporter à la situation douloureuse de l'agriculture.

Ce document, en parfait accord avec les principes que nous nous efforçons de faire prévaloir, mérite à tous égards d'être médité par les personnes qui, à un titre quelconque, sont appelées à prendre part aux innovations excellentes qu'il propose et auxquelles il assure le concours du gouvernement. Ces personnes sont nombreuses; car, on ne saurait trop le répéter, le concours individuel des intéressés, l'action collective des comices, des sociétés agricoles, celle des conseils départementaux, sont indispensables à la réalisation des améliorations agricoles que l'État doit provoquer et encourager, mais dont il ne peut ni ne doit poursuivre seul la réalisation.

« Il dépend beaucoup, dit le ministre, de l'initiative des agriculteurs d'améliorer leur situation, et ce serait une grave erreur de croire que quelques mesures législatives peuvent les sortir complètement des difficultés contre lesquelles ils luttent, difficultés qui proviennent des grands changements apportés dans le commerce de l'univers par suite de la facilité des voies de communication, de la rapidité des échanges et des relations. Le gouvernement peut beaucoup pour aider les agriculteurs; il a pour sa part une grande tâche à remplir. Il doit travailler à étendre et à fortifier l'instruction agricole, vivifier et développer l'esprit d'entreprise et de perfectionnement; il doit éclairer la route à suivre par les agriculteurs pour diminuer le prix de revient, accroître leur production, et pour vaincre, par la qualité de leurs produits, la concurrence dont ils souffrent aujourd'hui. » Ce préambule de la circulaire ministérielle nous paraît tracer de la façon la plus heureuse et la plus vraie le rôle respectif de l'État et des citoyens.

A l'État de répandre, par les moyens les plus propres à la faire pénétrer jusqu'au fond de nos campagnes, la connaissance des faits acquis, des méthodes nouvelles, des découvertes et innovations de tout genre de nature à amener l'accroissement des rendements du sol; aux intéressés, propriétaires et cultivateurs de tous ordres d'aider, par l'initiative privée ou collective, à l'application de la propagation rapide des enseignements que l'État met à leur disposition.

Cette manière d'envisager les rapports de l'État avec les particuliers nous paraît appelée à rencontrer l'assentiment de ceux qui ont étudié sans parti pris la situation agricole de la France et les moyens de l'améliorer.

De tous les enseignements, celui qui parle aux yeux est, à coup sûr, le meilleur et le plus apte à amener la conviction dans l'esprit des hommes que les labeurs de chaque jour éloignent forcément des études et des travaux de cabinet.

Comme le dit, avec grande vérité, la circulaire ministérielle, le cultivateur français aime à voir l'exemple joint au précepte. Il ne se rend pas toujours aux raisons théoriques : les expériences étant très coûteuses en agriculture, avant de se décider à adopter un procédé, un outil nouveau, à introduire une culture nouvelle, à essayer une variété de plantes meilleure, il aime à juger *de visu* du résultat. Il tient à se rendre compte par lui-même des avantages qu'il peut obtenir; mais, une fois éclairé, une fois sa confiance gagnée, il se rend à l'évidence des faits et se montre disposé à introduire toute amélioration profitable.

Après avoir constaté que les résultats obtenus dans les champs d'expériences ont été des plus encourageants, M. le ministre arrive à l'objet essentiel de la circulaire : la création, sous la direction des professeurs départementaux, aidés par l'initiative des agriculteurs, du plus grand nombre possible de champs de démonstration, placés dans les lieux les plus accessibles aux cultivateurs et mettant sous leurs yeux les améliorations profitables à la contrée. Ici on démontrera les avantages de l'emploi de tel ou tel engrais; là, ceux de telle ou telle variété de semence ou de plant amélioré; ailleurs, la supériorité de tel procédé de culture, de tel outil perfectionné, etc. Dans chaque district, le professeur devra s'inspirer des besoins de la culture et des moyens d'élever la production, d'améliorer la qualité des produits, de réduire les prix de revient, etc. Les efforts faits dans cette voie seront d'autant plus fructueux qu'ils seront calculés et appropriés avec plus d'attention aux convenances particulières de chaque portion du territoire national.

Le ministre exprime l'espoir qu'il sera facile aux professeurs départementaux de trouver, sans frais, des cultivateurs de bonne volonté, disposés à offrir quelques parcelles de terre pour ces démonstrations. « Les risques, fait observer la circulaire, seront d'ailleurs bien faibles, et ceux qui offriront un champ n'auront qu'à bénéficier de plus-values résultant des améliorations dont on veut faire la démonstration, améliorations n'offrant rien de chanceux, puisque le professeur ne devra faire, dans ce cas, que des applications de faits certains, de découvertes contrôlées. »

La pensée qui a guidé l'auteur de la circulaire est très juste : il faut que les essais, qui seront tentés sous le patronage ou avec le concours de l'administration de l'agriculture, le soient dans les conditions qui en assurent le succès complet. Voilà pourquoi M. Gomot vise, dans le document important que nous avons sous les yeux, la création de deux sortes de champs culturaux que la circulaire désigne par les termes de *champs de démonstration* et de *champs d'expériences*. A côté des champs de démonstration, qui doivènt être aussi nombreux que possible, je désire, dit M. le ministre, que, dans les départements où il n'existe pas encore de station agronomique, il soit établi un *champ d'expériences et de recherches*. C'est dans ces champs que se feraient les études des améliorations qu'il y aurait lieu d'analyser avec soin pour reconnaître celles qui sont applicables au pays et qui peuvent être ensuite transportées dans les champs de démonstration.

Cette distinction nous paraît excellente : elle correspond à deux points de vue sur la diversité desquels il n'est peut-être pas inutile d'insister, ne serait-ce que pour encourager les hommes soucieux du progrès agricole à entreprendre, dès le printemps prochain, l'application des moyens conseillés par M. le ministre de l'agriculture.

Le champ d'expériences proprement dit a sa place marquée dans les terrains annexés aux stations agronomiques, aux écoles d'agriculture et, suivant nous, dans les exploitations privées, comme la France en possède beaucoup, dont les propriétaires ou les tenanciers ont un savoir et une compétence suffisants pour *expérimenter* dans le sens strict du mot. Les champs d'expériences ont pour but de déterminer la nature et la quantité des substances fertilisantes, la variété des semences ou des plantes, les modes de culture, etc., qui, suivant la nature des sols et du climat, fournissent, toutes choses égales, les plus hauts rendements et les plus grands profits.

Les champs de démonstration étant destinés à mettre sous les yeux des cultivateurs des résultats décisifs, incontestables, et de nature à être obtenus du premier coup par les cultivateurs de la région qui les prendront pour exemple, seront, dans chaque région, institués et dirigés d'après les indications fournies par les champs d'expériences. On évitera ainsi, à coup sûr, des mécomptes qui auraient le double inconvénient de ne pas mettre en relief les méthodes les meilleures et de jeter du discrédit sur l'intervention des représentants de l'administration de l'agriculture dans ce mode d'enseignement. Les essais de culture des champs de démonstration doivent, avant tout, être couronnés d'un succès complet pour trouver des imitateurs et des adeptes.

Les cultures expérimentales sont de leur essence sujettes à des résultats variables, puisqu'elles ont pour objet l'étude ou la découverte de faits nouveaux ou demeurés obscurs; les cultures démonstratives au contraire ne doivent point laisser place au doute dans l'esprit des cultivateurs.

On voit par là que la tâche principale des fondateurs de champs de démonstration portera sur l'application, basée sur la certitude du succès acquis dans les champs d'expériences, des méthodes de culture, de fumure, de choix de semences ayant fait leurs preuves, tandis que le rôle des directeurs des champs d'expériences consistera à comparer entre eux des méthodes de fumure, des procédés culturaux et des semences expérimentées dans des conditions rigoureusement déterminées, afin d'en déterminer la valeur relative.

Le caractère des deux méthodes d'instruction par les yeux sera donc absolument différent; la direction du champ de démonstration devra être dogmatique, empirique en quelque sorte, puisqu'elle consiste à vulgariser des résultats acquis; la direction du champ d'expériences au contraire sera avant tout *expérimentale*, car il s'agit ici de la découverte de faits nouveaux ou de la vérification d'expériences contradictoires ou diversement interprétées.

Ces deux méthodes d'enseignement sont étroitement liées l'une à l'autre. Elles doivent être pratiquées concurremment partout où les moyens d'investigation et la compétence des hommes chargés de les appliquer le permettront. C'est dans le champ d'expériences que les organisateurs des champs de démonstration viendront constater les résultats parmi lesquels ils feront un choix pour les applications à mettre sous les yeux des cultivateurs.

Par cette considération que les champs de démonstration sont, avant tout, des champs de vulgarisation, leur organisation devra varier notablement suivant les sols, le climat, la région, afin d'assurer la réussite des récoltes qu'ils porteront, tandis que des essais, identiques quant à la nature des fumures, des variétés de graines ou de plantes, pourront être poursuivis dans les *champs d'expériences* destinés à mettre en relief les variations que les divers facteurs de la végétation, sol, climat, altitude, etc., exercent sur les rendements d'une même plante, soumise à l'action d'un même facteur; principes fertilisants identiques, par exemple.

C'est la multiplication des expériences proprement dites, instituées dans des conditions définies, dont autant que possible une seule variant à la fois, qui peut conduire à des résultats décisifs sur le choix des graines, des fumures et des procédés culturaux applicables, avec certitude du succès, dans les champs de démonstration institués dans les diverses régions de la France. Les conditions locales inspireront surtout les organisateurs des champs de démonstration, tandis que les problèmes généraux soulevés par la nutrition des végétaux feront l'objet principal des études entreprises dans les champs d'expériences.

La propagation des champs de démonstration aura cet excellent résultat de rendre indiscutables aux yeux du petit cultivateur les enseignements fournis par les champs d'expériences. Nul doute que l'institution simultanée de ces deux formes d'essais culturaux partout où cela sera possible dans des conditions qui en assurent la bonne direction n'exerce en peu d'années une influence des plus marquées sur l'augmentation des rendements du sol français. A l'initiative privée individuelle et collective, aidée par le concours que l'État lui offre, appartient de réaliser le progrès le plus souhaitable dans l'intérêt des agriculteurs et dans celui du pays : accroître la production du sol dans une notable proportion.

La circulaire de M. le ministre de l'agriculture, en faisant appel à l'initiative de tous les intéressés, donne une actualité particulière aux indications relatives à la bonne organisation du champ d'expériences. Insister sur les règles qui doivent présider à leur installation et à leur conduite ne paraîtra donc pas inutile. En y revenant, j'aurai d'ailleurs l'occasion de répondre collectivement aux questions qui m'ont été adressées souvent.

Dans la volumineuse correspondance qu'ont provoquée mes *Revues* du *Temps* sur les champs d'expériences, je relève un certain nombre de questions d'un intérêt général pour l'agriculture. Bien que posées dans des formes différentes par chacun de mes honorables correspondants, ces questions peuvent se résumer en quelques points d'interrogation que nous examinerons successivement. Des propriétaires et des cultivateurs disposés à faire des essais méthodiques de culture m'ont interrogé sur les points suivants :

1° Choix de substances fertilisantes à expérimenter

2° Mode d'épandage des engrais.

3° Faut-il prendre pour base, dans la fixation des quantités de fumures complémentaires à employer, le prix des engrais minéraux ou leur richesse en principes fertilisants, en vue de l'établissement du prix de revient des récoltes?

4° Sous quelles formes est-il préférable d'appliquer au sol les matères fertilisantes?

5° Quelle est la valeur vénale des principes fertilisants? Peut-elle être établie rigoureusement?

Ces questions, on le voit, intéressent non seulement les créateurs de champs d'expériences, mais tous les cultivateurs, car elles touchent essentiellement aux conditions économiques soulevées par l'emploi chaque jour croissant des engrais commerciaux. Examinons-les successivement :

1° *Choix des engrais.* — Il résulte de tous les faits acquis d'une façon certaine que des onze ou douze corps indispensables à l'alimentation des végétaux, trois seulement, l'azote combiné à l'oxygène et à l'hydrogène (acide nitrique ou ammoniaque), l'acide phosphorique et la potasse, doivent être restitués directement à la terre, pour que celle-ci demeure féconde, l'atmosphère et le sol renfermant les autres en quantités presque toujours suffisantes pour pourvoir aux exigences des récoltes.

Les trois corps que je viens de nommer forment,

en effet, la base de tous les engrais minéraux offerts à l'agriculteur par le commerce et par l'industrie; c'est à leur teneur en acide nitrique, en ammoniaque, en azote organique, en phosphates sous divers états, en sulfate ou en chlorure de potassium, que les engrais dits commerciaux doivent leur valeur fertilisante.

Avec l'extension qu'a prise le commerce des engrais, le besoin de faire du nouveau et la concurrence aidant, on a multiplié pour ainsi dire à l'infini les noms des substances offertes à l'agriculture. Nous ne saurions entrer dans l'examen de ces mélanges plus ou moins rationnels et souvent livrés, sous des noms pompeux, à un prix bien supérieur à leur valeur réelle. Le point qui nous préoccupe est de mettre en garde les cultivateurs contre l'achat, à des prix exorbitants, de matières fertilisantes dont les résultats ne répondraient pas aux brillantes réclames de leurs vendeurs. Nous voulons surtout rappeler les règles dont l'acheteur ne devrait pas se départir, dans son intérêt, pour toutes ses acquisitions d'engrais complémentaire du fumier de ferme. Ces règles, très simples d'ailleurs, peuvent se résumer dans les propositions suivantes :

a. Repousser impitoyablement toute offre des vendeurs qui ne garantissent pas, sur facture, le taux pour cent de chacun des principes fertilisants : azote organique, azote nitrique, azote ammoniacal, acide phosphorique, potasse, et la provenance de ces principes (tels qu'os, guano naturel, laine, chair ou sang desséché, phosphates minéraux de telle région, sulfate d'ammoniaque, etc.).

b. Avoir recours principalement aux matières premières ou aux engrais simples, de préférence aux mélanges dits *engrais complets;* par exemple, acheter du sulfate d'ammoniaque, du nitrate de soude, du superphosphate de chaux, du phosphate minéral, du chlorure ou du sulfate de potassium, et opérer à la ferme les mélanges dans les proportions convenables. Ce mode d'achat économisera au cultivateur des sommes considérables, le prix des engrais complets dépassant souvent de beaucoup, parfois du double, la valeur vénale de chacun de leurs éléments pris isolément, certains négociants profitant du prétexte des frais de mélange pour élever le prix des matières premières hors de proportion avec la dépense réelle de l'opération.

c. S'il ne s'agit pas de sels solubles, comme les sulfates, chlorures et nitrates, donner la préférence, à richesse égale, aux poudres les plus fines, le degré de division des engrais pulvérulents ne pouvant être poussé trop loin. Toutes choses égales d'ailleurs, la poudre la plus fine sera la mieux utilisée par les végétaux; elle se disséminera plus également dans la couche active du sol et mettra les aliments de la plante à la disposition d'un plus grand nombre de radicelles.

2° *Épandage des engrais*. — Il ne suffit pas de faire un choix judicieux d'engrais et de les acheter avec toutes les garanties que nous venons d'indiquer, il faut encore les bien employer. L'opération de l'épandage est de la plus haute importance au point de vue de l'utilisation par la plante des matières nutritives qu'on introduit dans le sol. Plus la dissémination physique de l'engrais dans la couche arable sera considérable et bien faite, plus cet engrais augmentera les rendements. Les matériaux qui constituent le sol n'étant point mobiles, chacun des végétaux qui y croissent ne peut recevoir de nourriture qu'au contact immédiat de ces racines avec les particules terreuses. Les engrais ne circulent pas dans la terre à l'état de dissolution; ils restent là où le labour les a enfouis et deviennent utiles pour la plante seulement dans les points où la radicelle vient les atteindre. Il suit de là que l'incorporation des matières fertilisantes à la terre est l'une des opérations qui doivent le plus attirer l'attention du cultivateur. Cette dissémination de l'engrais est à mes yeux tellement importante que l'on me pardonnera d'y insister. Si l'on se contente, après avoir répandu, à la surface de la terre, les quelques centaines de kilogr. d'engrais minéral insoluble destinées à fumer un hectare de terre, de donner un labour avant la semaille, on est à peu près certain de répartir très inégalement la fumure, la bande de terre ainsi retournée échappant presque complètement au mélange avec l'engrais qui tombe dans la raie produite par la charrue.

La meilleure pratique consiste à semer l'engrais à la volée, ou mieux encore au semoir après l'avoir mélangé à la pelle à quatre ou cinq fois au moins son volume de terre fine; à pratiquer ensuite un labour qui ne dépasse pas la profondeur moyenne à laquelle doivent atteindre les racines de la récolte qu'on a en vue, puis à donner un fort hersage qui rompe les mottes et aide à la dispersion de l'engrais; enfin à pratiquer un deuxième labour agissant encore sur la dissémination des principes fertilisants. Ce ne sont là, bien entendu, que des indications générales à modifier suivant les conditions locales : le point essentiel que je veux mettre en relief est la nécessité de multiplier autant que possible la dissémination physique de l'acide phosphorique, de la potasse et de l'azote dans le sol, pour assurer leur maximum d'efficacité.

Si l'on se souvient que la déperdition, par les pluies, de la potasse, de l'ammoniaque et de l'acide phosphorique, n'est nullement à craindre en raison des propriétés absorbantes du sol sur lesquelles j'ai insisté antérieurement, on assurera, de la manière la plus sûre, la dissémination de ces agents fertilisateurs en les employant d'un coup à plus haute dose que ne l'exige la première récolte : les labours successifs se chargeront de les incorporer à la terre. C'est là seulement un déplacement de dépense, une avance à faire à la terre quand on le pourra, puisque celle-ci tiendra en réserve pour les récoltes suivantes l'excès de fumure qu'elle aura reçu.

3° Des bases à adopter pour la fumure des champs d'expériences. — Quelques-uns de nos lecteurs me demandent comment il faut procéder pour faire des essais d'engrais en vue d'établir leur influence sur le prix de revient des récoltes. On peut procéder de deux manières différentes pour atteindre ce but. Un exemple hypothétique nous permettra de les exposer brièvement.

Je suppose qu'un cultivateur veuille, dans un sol où l'acide phosphorique existe en trop faible quantité, déterminer par une expérience concluante l'influence de l'acide phosphorique à divers états sur le rendement en blé, et, partant, établir le rapport entre la dépense faite pour l'achat d'engrais et la plus-value de la récolte.

Pour préciser davantage, je supposerai qu'il veut expérimenter comparativement la valeur fertilisante du phosphate fossile des Ardennes, du phosphate précipité et d'un superphosphate minéral bien fabriqué. Pour fixer les idées, j'admettrai, pour ces trois engrais, les teneurs en acide phosphorique et les prix d'achat suivants :

	Taux d'acide phosphor.	Prix des 100 kil. d'engrais.	Prix du kilogr. d'acide phos.
	p. 100.	fr. c.	fr. c.
Phosphate fossile...	20	6 00	0 30
Phosphate précipité.	35	17 50	0 50
Superphosphate.....	15	10 50	0 70

Enfin, je supposerai que les champs destinés à ces expériences auront reçu chacun les mêmes quantités d'azote et de potasse sous les mêmes formes, de façon qu'une seule condition varie, savoir la nature de l'engrais phosphaté. Cela étant, quatre parcelles de terre, aussi homogènes que possible, ayant, antérieurement aux essais, reçu les mêmes fumures et porté les mêmes récoltes, recevront, la première, le phosphate fossile; la deuxième, le phosphate précipité; la troisième, le superphosphate; la dernière restera sans fumure phosphatée et servira de terme de comparaison. Ces conditions générales étant admises, le cultivateur aura le choix pour l'addition de phosphate entre les deux méthodes suivantes :

1° Incorporer au sol de chacune des trois parcelles *même quantité en poids* d'acide phosphorique, sous les trois formes différentes;

2° Donner au sol de chacune des parcelles des poids *différents* d'acide phosphorique *coûtant le même prix*. S'il veut rendre l'expérience plus complète, il doublera le nombre des parcelles soumises aux essais et opérera simultanément suivant les deux méthodes.

Continuons à appliquer des chiffres à ce projet d'essai.

Dans la première méthode, nous donnerons, par exemple, 100 kilogr. d'acide phosphorique à l'hectare, c'est-à-dire que nous emploierons :

500 kil. phosphate des Ardennes à 6 fr. les 100 kil. =	30 fr.	»
285 — — précipité à 17 fr. 50 les 100 kil. =	49	85
666 — superphosphate à 10 fr. 50 les 100 kil. =	69	93

Dans la deuxième méthode, nous prendrons pour base la dépense occasionnée par l'achat d'engrais, soit par exemple le prix de la fumure précédente au superphosphate, et les conditions de l'expérience se trouveront modifiées de la manière suivante :

Dépense à l'hectare : 70 fr.

1,166 kil. phosph. des Ardennes à 6 fr. les 100 kil. = 69 fr. 96
400 — — précipité à 17 fr. 50 les 100 kil. = 70 »
666 — superphosphate à 10 fr. 50 les 100 kil. = 69 93

La semence étant identique, tous les soins donnés, les frais généraux et les frais de culture étant les mêmes dans chacun des essais, il suffira, à la récolte, de peser le grain et la paille pour être en possession des documents nécessaires à l'évaluation du prix de revient du quintal de blé, par exemple, obtenu sur chaque parcelle. Admettons, pour pousser l'hypothèse jusqu'au bout, que les parcelles témoins, sans fumure phosphatée, aient donné 15 quintaux de blé à l'hectare, et que les six parcelles aient produit chacune 25 quintaux, soit un excédent de 10 quintaux à l'hectare, comparativement aux parcelles sans phosphate, nous tirerons de cette constatation les conséquences suivantes : pour la première série :

1° Une addition de 100 kilogr. d'acide phosphorique à l'hectare a, dans le sol mis en expérience, augmenté le rendement en blé de 10 quintaux par hectare.

2° Ces dix quintaux d'excédent ont coûté :

Avec le phosphate fossile, 30 francs, soit 3 francs par quintal d'excédent;

Avec le superphosphate, 69 fr. 93, soit 6 fr. 935 par quintal.

Pour la deuxième série : 1° La même dépense en acide phosphorique, sous les trois formes employées, a donné le même résultat en argent, savoir un excédent de 10 quintaux pour une avance de 70 francs, soit un prix de revient (par la fumure phosphatée seule) de 7 francs par quintal. 2° Comme, dans tous les cas, la récolte excédante (que j'ai supposée partout égale pour simplifier l'exemple choisi) a enlevé au sol la même quantité d'acide phosphorique, soit environ 30 kilogr. à l'hectare, dans cette deuxième série, l'épuisement en acide phosphorique sera fort différent suivant les parcelles. En effet, nous avons supposé que les champs d'essais de la deuxième série ont reçu les quantités suivantes d'acide phosphorique :

1,166 kil. phosph. des Ardennes à 20 p. 100 = 233 kil. d'ac. phosph.
400 — — précipité à 35 p. 100 = 140 — —
666 — superphosphate à 15 p. 100 = 100 — —

Il résulte de là que la parcelle à phosphate des Ardennes renferme encore, après l'enlèvement de la récolte, 233 — 30 = 203 kilogr. d'acide phosphorique disponible pour les récoltes suivantes; la parcelle à phosphate précipité n'en contient plus que 140 — 30 = 110 kilogr., et la dernière au superphosphate 100 — 30 = 70 kilogr. seulement. Dans la récolte qui suivra le blé, nous aurons donc à tenir compte de cette avance faite au sol, et l'excédent des produits obtenus dans les années suivantes viendra dégrever d'autant le prix de revient du blé récolté.

L'exemple hypothétique que nous venons de donner montre nettement, je crois, l'importance des enseignements que l'on est en droit d'attendre de l'institution des champs de démonstration prescrite par la circulaire ministérielle et le service considérable que le département de l'agriculture aura rendu au pays si son appel à l'initiative des agriculteurs et des propriétaires est entendu, comme nous l'espérons.

Les deux dernières questions qui m'ont été adressées ont trait à la forme la plus favorable et la plus économique qu'il convient de choisir pour donner au sol l'acide phosphorique, la potasse et l'azote dont ils manquent, et à la valeur vénale de chacune de ces substances sous les différents états auxquels le commerce les livre à l'agriculture. C'est aux essais de culture multipliés, dans les sols si variés que présente le territoire français, qu'il faut surtout demander une réponse décisive à ces questions, réponse qui variera avec la nature physique et chimique des sols ; il en est de même de la valeur vénale des différentes substances fertilisantes.

Comme les aliments des animaux, les aliments des plantes ne peuvent pas être rigoureusement exprimés, *a priori*, d'après leur composition chimique absolue; l'expérimentation directe conduit à attribuer dans certains cas, notamment en ce qui concerne les engrais d'origine organique, guano du Pérou, tourteaux de graine, laine, poudre d'os, sang desséché, des valeurs différentes à la même quantité d'azote ou d'acide phosphorique.

La question que soulèvent la valeur agricole et, partant, la valeur en argent de ces diverses formes d'aliments des plantes, présente un intérêt économique considérable; c'est en interrogeant les plantes elles-mêmes qu'on obtient les indications les plus satisfaisantes.

XVIII

CRÉATION ET ORGANISATION DES CHAMPS DE DÉMONSTRATION ET D'EXPÉRIENCES

La session des conseils généraux et les champs de démonstration.
Les résidus des récoltes.

Les conseils généraux sont appelés à donner leur concours à l'application de la circulaire du ministre de l'agriculture concernant l'établissement de champs de démonstration, et à ouvrir des crédits en vue d'aider à leur organisation. J'ai reçu d'un grand nombre de conseillers généraux, à cette occasion, des demandes de renseignements sur la meilleure forme à donner, suivant moi, aux subsides que l'État et les départements consacreront à cette œuvre de vulgarisation, excellente si elle est bien comprise, mais pouvant aller à l'encontre de ce qu'on en attend si l'on n'est pas guidé par l'esprit qui a présidé à la rédaction de la circulaire ministérielle. Le présent chapitre a pour objet d'y répondre.

Une première chose me frappe dans les lettres

que j'ai reçues, c'est la confusion, très fréquente dans l'esprit de mes correspondants, des deux ordres de créations prévues par la circulaire ministérielle. Il importe tout d'abord de faire cesser cette confusion au moment où la circulaire va recevoir un commencement d'exécution, afin de prévenir les mécomptes qui ne sauraient manquer de se produire et compromettraient gravement, pour l'avenir, une institution dont l'agriculture française doit tirer de si grands avantages. Je considère l'application de la circulaire du 24 décembre 1885 comme appelée à exercer une si grande influence sur les progrès de l'agriculture, que l'on me permettra de revenir avec détails sur les questions qu'elle soulève et de chercher, par ces commentaires, à en faire saisir l'esprit et la portée.

La circulaire ministérielle du 24 décembre dernier appelle l'attention des préfets et des conseillers généraux sur la réalisation, dans chaque département, de deux ordres de créations absolument distinctes : 1° des champs de démonstration pratique; 2° des champs d'études et de recherches. Elle offre aux conseils généraux, en vue de ces créations, le concours pécuniaire de l'État, concours qui sera proportionné aux allocations que les assemblées départementales jugeront possible et utile d'accorder pour réaliser le programme du ministre de l'agriculture.

La question est donc très nettement posée; il s'agit, dans l'application, de n'en pas perdre de vue les deux termes essentiels. Les champs de démonstration et les champs d'études et de recherches, que nous appellerons, pour être plus bref, champs d'expériences, sont et doivent rester deux choses absolument distinctes.

Le champ de démonstration a pour objet de mettre sous les yeux des cultivateurs un spécimen aussi parfait que possible d'une ou de plusieurs des cultures les plus importantes pour le lieu où il sera créé : il ne s'agit pas là d'expériences à proprement parler, mais bien, comme l'indique le nom, d'une *démonstration* des résultats économiques les meilleurs que peut donner telle culture, celle de la betterave ou de la pomme de terre, par exemple, par l'emploi, en rapport avec la nature du sol et du climat, des méthodes de culture, de plantation ou de semis, de choix de graines et d'engrais reconnus les plus efficaces. Là, pas de tâtonnements, pas d'essais comparatifs, pas d'*alea* en un mot, sauf celui que les circonstances météorologiques, indépendantes de notre volonté, pourraient apporter durant la campagne.

La création de ces champs de démonstration est possible sur tous les points du territoire cultivé; elle n'exige, en effet, qu'un ensemble de conditions réalisables à peu près partout et sur lequel je vais m'arrêter, pour répondre aux questions de mes honorables correspondants.

Comment et dans quelle mesure le conseil départemental peut-il et doit-il prendre part à la création des champs de démonstration? Pour répondre à cette question, il faut d'abord examiner les conditions essentielles qui doivent se trouver réunies pour l'organisation d'un champ de démonstration. La première de toutes réside dans les garanties offertes par le propriétaire ou par le cultivateur, suivant le cas, sur l'exploitation duquel sera institué le champ. Le conseil général ne saurait accorder son concours au premier venu. Dans les offres qu'il recevra ou qu'il provoquera au besoin, son choix devra être dicté par la certitude, facile à acquérir, que le cultivateur en question est bon praticien, que ses terres sont propres, qu'il est apte à surveiller toutes les opérations culturales, depuis les labours qui précéderont la semaille jusqu'à la récolte, à tenir note des différentes phases de la végétation et des opérations; enfin qu'il est pourvu du matériel nécessaire pour déterminer, par des pesées auxquelles on pourra accorder confiance, le poids des produits récoltés dans le champ de démonstration. En un mot, les cultivateurs intelligents, soigneux et suffisamment bien outillés peuvent seuls être subventionnés par l'État et par le département en vue de la création de ces champs de démonstration. Une surface d'un demi-hectare suffira; en aucun cas le champ consacré à une même culture ne devrait avoir plus d'un hectare de superficie. Cette limitation de l'étendue des champs de démonstration a le double avantage de rendre possible une évaluation exacte, la bascule à la main, du poids des récoltes, et de restreindre la dépense en permettant de multiplier les démonstrations avec les ressources dont on disposera.

J'estime donc que la première chose à faire pour la

répartition des subsides que le conseil général pourra accorder aux directeurs des champs de démonstration consisterait dans un engagement dont les principaux termes se résumeraient comme suit :

Engagement par le cultivateur :

1° De consacrer un demi-hectare ou un hectare au plus à la création d'un champ de démonstration pour culture de la betterave, ou du blé par exemple.

La nature des récoltes variera, cela va sans dire, avec les régions et avec les saisons; en automne, on devra s'occuper de la création de champs pour blé, seigle, etc.

2° De mettre ce champ et de l'entretenir en parfait état de culture et de propreté;

3° De suivre, pour la culture adoptée, les conditions de culture (labours, semis, choix des graines, choix des engrais) que l'expérience a démontrées devoir, la nature du sol et les conditions générales de la région étant données, fournir les plus hauts rendements eu égard à la dépense;

4° De tenir exactement compte du poids et de la nature des fumures, du poids de la semence et de celui de la récolte;

5° D'adresser au conseil général un résumé succinct, mais précis, des résultats obtenus.

Supposant cet engagement pris, arrivons à l'exécution. On me demande, de divers côtés, sous quelle forme, dans quelles limites et à l'aide de quels intermédiaires le conseil général peut accorder son concours; à quelles garanties il peut avoir recours pour assurer le succès de ces champs de démonstration.

Il ne saurait être question ici de règles absolues, mais seulement d'indications générales que les conditions locales modifieront plus ou moins profondément.

En principe, je suis d'avis que les subventions de l'État et du département ne devront pas être accordées en argent, mais seulement sous forme d'engrais et de semences de choix. Ce mode d'allocation me semble non seulement préférable, mais indispensable; en voici la raison : il s'agit de montrer aux cultivateurs d'une commune ou d'un canton comment, avec l'emploi judicieux d'engrais et par le choix d'une bonne semence, on peut augmenter de moitié, des deux tiers, doubler ou tripler la récolte, suivant les cas; la première condition pour atteindre le but qu'on se propose est de *réussir*.

Il ne faut pas d'insuccès dans les champs de démonstration, autre du moins que celui qui pourrait résulter d'accidents météorologiques (sécheresses, gelées, orages, etc.). Il est donc de toute nécessité que, les conditions de bonne culture étant assurées par le choix même de l'agriculteur qui créera et dirigera le champ de démonstration, aucun mécompte ne puisse résulter de l'emploi d'engrais mal choisis ou mal préparés, de graines de qualité médiocre. Si le conseil général accordait, pour fixer les idées, une somme de 250 francs par champ d'un hectare, pour achat d'engrais complémentaires et de semence, il y aurait à craindre que les produits acquis par le cultivateur, en échange de cette somme, ne répondent pas, soit sous le rapport de la nature, soit sous celui de la qualité et de la quantité, aux indications résultant de l'expérience acquise, dans le pays, par les agriculteurs les plus autorisés, concernant les meilleures conditions de la culture spéciale qu'on aurait en vue.

J'estime donc que ces allocations doivent être accordées sous forme de livraison des quantités de semences de choix et d'engrais complémentaires, et non pas en argent. Quelle serait, dès lors, la marche à suivre pour le choix, l'achat et la délivrance des semences et des engrais? Rien ne me semble plus simple. Chacun de nos conseils généraux compte dans son sein des agriculteurs distingués, praticiens éclairés qui connaissent parfaitement la nature des sols où devront être établis les champs de démonstration, ou qui pourront aisément se renseigner complètement à ce sujet, puisqu'il s'agit de créations locales. Ces mêmes conseillers savent aussi quelle semence, quels engrais complémentaires donnent, dans les mêmes sols, les plus hauts rendements. Ils pourront donc fournir au conseil toutes les indications nécessaires sur l'organisation des champs de démonstration. Reste l'achat et la livraison des semences et des engrais aux cultivateurs sur l'exploitation desquels seront établis ces champs.

Dans les départements pourvus de stations agronomiques, d'écoles pratiques d'agriculture ou de chaires départementales d'agriculture, c'est à l'un de ces trois établissements qu'il faudra confier le soin de faire, pour le compte du département, l'acquisition des semences et des engrais, sous les conditions suivantes : les semences choisies devront être vendues avec garanties de pureté et de valeur germinative déterminées par la station d'essai des graines de l'Institut agronomique : les engrais avec garantie de titrage en acide phosphorique, azote et potasse contrôlés par les analyses faites à la station agronomique. Les départements dans lesquels font défaut les institutions agricoles que je viens de nommer devront avoir recours à l'école ou à la chaire d'agriculture de l'un des départements limitrophes. Le professeur départemental sera, en outre, le conseiller et le guide naturel des agriculteurs qui institueront sur leur domaine des champs de démonstration.

Il est essentiel que ces champs soient situés dans un lieu facilement accessible, afin de recevoir le plus grand nombre de visiteurs possible : nul doute qu'en multipliant dans la limite compatible avec une organisation et une direction parfaites ces spécimens de bonne culture on ne provoque des améliorations qui trouveront d'autant plus sûrement des imitateurs, dès la campagne suivante, que les résultats obtenus seront plus nets et accuseront des rendements économiques plus élevés.

En résumé, les conseils généraux sont appelés à rendre un service considérable à l'agriculture en encourageant la création, dans les conditions que nous venons d'indiquer, du plus grand nombre possible de champs de démonstration, sans toutefois perdre de vue qu'il vaut mieux ne rien faire que d'accorder des subsides pour des créations dont le succès ne serait pas assuré à l'avance par un choix judicieux des cultivateurs auxquels elles seront confiées. — Je ne saurais trop y revenir : il ne s'agit pas d'expériences, d'essais plus ou moins intéressants, mais uniquement de l'application réussie des meilleures méthodes de culture et de fumure à des sols et dans des conditions locales déterminées. La vulgarisation de résultats acquis par les praticiens distingués de la région, la mise en évidence des faits constatés dans les champs d'expériences proprement dits et dont nous allons parler est l'objectif unique qu'il faut poursuivre dans l'organisation des *champs de démonstration.*

Nous arrivons maintenant à la deuxième partie du programme tracé par la circulaire ministérielle. « A côté des *champs de démonstration*, qui doivent être aussi nombreux que possible, je désire, dit le ministre, que, dans les départements où il n'existe pas encore de station agronomique, il soit établi un champ d'expériences et de recherches : c'est dans ces champs que se feraient les études des améliorations qu'il y aurait lieu d'analyser avec soin pour reconnaître celles qui sont applicables au pays et qui peuvent être ensuite transportées dans les champs de démonstration? » Nous voilà, on le voit, dans un tout autre ordre d'idées. Ici il ne s'agit plus d'appliquer, pour ainsi dire servilement, les résultats acquis, mais bien d'expérimenter, c'est-à-dire de comparer, des méthodes de culture, des semences, des engrais, et d'en tirer des déductions applicables, à l'avenir, aux conditions de la culture locale.

Le problème est beaucoup plus complexe, et les assemblées départementales doivent s'entourer de précautions avant d'accorder leur patronage et leur concours pécuniaire aux organisateurs de champs d'expériences. C'est ici surtout que le succès de l'entreprise dépend sinon uniquement, au moins presque entièrement de la valeur de l'homme placé à sa tête. La création d'un champ d'expériences proprement dit exige un ensemble de connaissances préalables, sans lesquelles on ne peut aboutir qu'à des déconvenues. Afin de préciser, une fois de plus, les différences qui existent entre l'organisation de ces deux formes de cultures démonstratives, champs d'expériences et champs de démonstration, je prendrai un exemple qui les mette en relief : l'application des engrais phosphatés aux diverses récoltes.

Suivant que, dans un département donné, il s'agira d'établir un champ de démonstration ou un champ d'expériences, on devra procéder dans l'emploi des phosphates d'une façon différente. Installe-t-on le premier, il faudra lui appliquer l'acide phosphorique dans les proportions et sous la forme « superphosphate, phosphate précipité, phosphate fossile » qui aura été reconnue, par la pratique ou par des expériences antérieures convenablement dirigées, la plus efficace et la plus économique à la fois. Veut-on, au contraire, expérimenter pour un sol déterminé l'influence comparative (ce qui sera le but des essais à entreprendre dans le champ d'expériences) des engrais phosphatés à doses diverses et sous différentes formes, on instituera autant de parcelles spéciales qu'on voudra faire d'essais. De la comparaison des résultats obtenus pendant une succession de trois ou quatre années, on conclura au degré plus ou moins grand d'efficacité de chacun des engrais expérimentés. On pourra alors vulgariser dans le champ de démonstration les résultats acquis dans le champ d'expériences. Les conditions que devront remplir, dans l'exemple que j'invoque, les cultivateurs de ces deux champs, seront essentiellement différentes. Tandis que la connaissance générale des qualités du champ de démonstration suffira pour renseigner, par analogie, sur les quantités d'acide phosphorique et sur la forme de la combinaison à adopter, puisqu'il ne s'agit que de répéter, pour en rendre témoins les agriculteurs, des expériences dont les résultats sont acquis dans le pays : une étude beaucoup plus complexe devra précéder l'établissement du champ d'expériences. Il faudra analyser le sol, afin d'en connaître la teneur en éléments fertilisants; déterminer, d'après la composition des engrais phosphatés à expérimenter, les doses variables de chacun d'eux, leur association à l'azote et à la potasse nécessaires à la récolte qu'on veut produire; étudier l'époque et le mode d'épandage des engrais, etc., toutes choses que nous supposons connues à l'avance, lorsqu'il s'agit de l'établissement d'un champ de démonstration. C'est seulement, à notre avis et je le crois aussi à celui du ministre de l'agriculture, sous la direction d'hommes préparés par des études spéciales à l'art d'expérimenter qu'il faut placer la création et la conduite des champs d'expériences proprement dits. Les conseils généraux rencontreront certainement dans chacun de nos départements, en dehors des écoles d'agriculture et des stations agronomiques, des cultivateurs très capables de se charger du rôle que nous venons d'indiquer, mais le concours des écoles et des stations demeurera indispensable, dans la plupart des cas, pour mener à bien une entreprise qui nécessite des analyses délicates et qu'on peut faire seulement dans un laboratoire convenablement outillé. Les sociétés d'agriculture et les comices agricoles pourront concourir très utilement à l'organisation, à la surveillance et à la récolte des champs d'expériences, qui exigent un personnel spécial.

En résumé, le vote de subventions départementales pour la création de champs de démonstration et de champs d'expériences peut rendre les plus grands services à l'agriculture, à la condition d'être entouré des garanties dont nous venons d'indiquer les plus importantes.

Il me reste, pour avoir répondu aux questions qu'ont bien voulu m'adresser à ce sujet nombre d'honorables conseillers généraux, à examiner un point que j'ai, à dessein, réservé pour le traiter séparément. Plusieurs de mes correspondants m'invitent à leur tracer un programme pour les champs de démonstration en indiquant la nature des récoltes, la fumure à adopter, etc. Je ne puis, à mon grand regret, leur donner satisfaction. Il est, en effet, de l'essence même d'un champ de démonstration bien compris de mettre sous les yeux du cultivateur des résultats acquis dans les conditions tout à fait comparables, sinon analogues, à celles où se trouve le champ : conditions de sol, de climat, de débouchés, d'industrie, etc., c'est-à-dire conditions essentiellement locales. D'un lieu à l'autre varieront, par conséquent, les plantes à cultiver, les fumures à employer, etc. Mais, s'il ne m'est pas possible de répondre, par un programme défini, au désir de mes correspondants, il est un point particulier que plusieurs d'entre eux ont visé dans leur questionnaire, sur lequel je puis fournir quelques explications d'un intérêt général pour les cultivateurs.

On me demande de divers côtés s'il n'y a pas lieu de tenir compte, dans la fumure à appliquer aux champs de démonstration, des cultures antérieures, et dans quelles limites on doit le faire. Ce point d'interrogation touche à l'une des questions les plus intéressantes et trop peu étudiées encore que soulèvent les assolements : savoir l'importance et la nature des résidus que les végétaux de la grande culture laissent dans le sol après l'enlèvement de la récolte. En effet, les matériaux empruntés à l'air et au sol pendant le cours de la végétation ne sont pas tous exportés avec la récolte; il en reste dans le sol des quantités très variables, comme poids et comme composition chimique, suivant la nature de la récolte.

Je vais résumer dans quelques chiffres ce que l'expérience nous a appris à ce sujet, en faisant remarquer que les nombres ci-dessous sont des indications générales se rapportant à une récolte moyenne pour chacune des plantes auxquelles elles ont trait. Il y aurait une grande importance pratique à étendre ces déterminations numériques aux conditions si diverses de sol, de climat, de fumure, etc. Telles qu'elles sont, ces données présentent un intérêt réel; elles montrent les différences considérables dans l'enrichissement relatif de la couche superficielle du sol par les résidus des récoltes.

Les nombres réunis dans les tableaux suivants ont été obtenus en enlevant avec précaution, après la récolte, les chaumes et les racines des végétaux, en déterminant le poids et la composition chimique. Je me bornerai ici à l'indication des quantités des principes importants : azote, chaux, magnésie, acide phosphorique et potasse, laissées dans le sol par les résidus des récoltes [1].

1. Je renverrai ceux de mes lecteurs qui désireraient de plus amples détails sur ce sujet au *Journal d'agriculture pratique*, numéro du 24 octobre 1872, où j'ai publié tous les détails de ces déterminations.

NOM DES PLANTES	POIDS DES RACINES ET CHAUMES LAISSÉS A L'HECTARE	QUANTITÉS EN KILOGR. CONTENUES PAR HECTARE DANS LES RÉSIDUS DES RÉCOLTES		
		MATIÈRES ORGANIQUES	AZOTE	MATIÈRES MINÉRALES
	kil.	kil.	kil.	kil.
Luzerne	10,858	9,510	153	1,347
Trèfle rouge	10,020	7,865	216	2,156
Sainfoin	6,661	5,511	137	1,150
Seigle	5,918	4,062	74	1,851
Colza	5,009	4,309	68	691
Avoine	4,244	2,622	30	1,621
Blé	3,905	2,681	27	1,224
Orge	2,237	1,810	26	427

Ce tableau montre que les résidus des récoltes se classent différemment, suivant qu'on considère les quantités d'azote ou celles des substances minérales qu'ils laissent dans la couche arable. Suivant le point de vue auquel on se place, les résidus des végétaux de la grande culture se rangent dans l'ordre suivant :

D'après leur taux de matières minérales.	D'après leur taux d'azote.
1. Trèfle rouge.	1. Trèfle rouge.
2. Seigle.	2. Luzerne.
3. Avoine.	3. Sainfoin.
4. Luzerne.	4. Seigle.
5. Blé.	5. Colza.
6. Sainfoin.	6. Avoine.
7. Colza.	7. Blé.
8. Orge.	8. Orge.

Le trèfle et l'orge occupent respectivement, comme on le voit, à ces deux points de vue, le premier et le dernier rang.

La matière minérale des racines et des chaumes représente, à l'hectare, pour les quatre substances principales, les quantités suivantes, exprimées en kilogrammes :

	Chaux. kil.	Magnésie. kil.	Potasse. kil.	Acide phosph kil.
1. Trèfle rouge.	294	55	92	84
2. Luzerne.....	221	27	41	44
3. Sainfoin	132	36	48	33
4. Seigle.......	82	16	35	29
5. Colza	139	15	53	36
6. Blé	86	12	21	13
7. Avoine......	96	14	28	34
8. Orge........	42	6	11	14

Les quantités d'azote et de substances minérales fertilisantes laissées dans le sol après l'enlèvement des récoltes sont loin d'être négligeables; mais il ne faut point oublier qu'elles seront mises à la disposition des végétaux seulement après la destruction des racines et la transformation, sous l'influence des microbes du sol, de l'azote organique en azote nitrique, ou en ammoniaque, seules combinaisons azotées assimilées par les plantes.

Les divergences que constatent les tableaux précédents montrent en outre que, dans l'établissement de champs d'essais destinés à étudier comparativement l'influence des diverses matières fertilisantes, il faut tenir compte des récoltes antérieures. Cette observation justifie l'impossibilité de tracer un plan général de création de champs de démonstration que je constate plus haut, puisqu'il faut tenir compte, pour chaque cas envisagé, des conditions locales, et notamment de la succession des récoltes antérieures. Les praticiens du pays auxquels les conseils généraux accorderont le concours pécuniaire du département pour la création des champs de démonstration, sauront parfaitement faire entrer cet élément important dans le choix des fumures qu'ils adopteront.

XIX

LES SYNDICATS AGRICOLES

Avantages, but et organisation des syndicats. — Le syndicat agricole et l'Association de crédit mutuel agricole de l'arrondissement de Poligny (Jura).

La loi du 21 mars 1884 sur les syndicats professionnels est appelée à rendre à l'agriculture les plus grands services; elle donne, en effet, la possibilité d'organiser, sur des bases solides, des associations ayant les buts les plus divers et concourant finalement à l'un des progrès les plus souhaitables dans l'état actuel de l'agriculture : l'union des propriétaires et des exploitants du sol, fermiers et ouvriers ruraux, pour la défense de leurs intérêts absolument solidaires. De tous côtés des syndicats agricoles se constituent. Le mouvement d'association s'accentue de jour en jour, et tout fait espérer qu'il se rencontrera d'ici à un an, dans chaque département, un groupe d'hommes de bonne volonté qui réussira à constituer un syndicat absolument indépendant de tout intérêt personnel, ayant pour objet principal l'achat d'engrais, de semences, d'outillage, etc. Déjà l'unité départementale, prise pour base du syndicat, semble trop vaste pour certaines opérations; il se fonde des syndicats d'arrondissement, et certains cantons ruraux paraissent disposés à organiser à leur tour le syndicat cantonal. Cette tendance à réduire à l'arrondissement, puis au canton, le champ d'opérations du syndicat, peut présenter, suivant l'objet principal que les associés se proposent, des avantages ou des inconvénients qu'il convient d'examiner. La question est très importante et vaut qu'on s'y arrête. Mais, au préalable, disons quelques mots de l'origine des syndicats et de leur organisation générale.

Ayant, à tort ou à raison, à raison je l'espère, une confiance inébranlable dans la puissance de l'association pour la solution des problèmes agricoles et économiques soulevés par la crise actuelle, je m'estimerai heureux si les détails suivants sur l'organisation des syndicats, leur but et les résultats déjà atteints peuvent aider à leur propagation et stimuler l'esprit d'association parmi ceux qui, à un titre quelconque, portent intérêt au progrès agricole.

Le département du Loir-et-Cher et celui des Ardennes vont nous fournir des exemples précieux des progrès que peuvent, dans l'espace d'une année, réaliser quelques hommes de bonne volonté mettant leur savoir, leur zèle et leur temps au service de la cause agricole.

Il ressort, je crois, avec toute évidence de la discussion à laquelle nous avons soumis les conditions de la production agricole, la possibilité d'accroître dans une proportion notable le rendement du sol par le choix des fumures et par celui des semences. Nous avons signalé la difficulté extrême, pour le cultivateur isolé, de se procurer, dans des conditions économiques, en échappant à la fraude éhontée, si commune encore dans le commerce des engrais et des semences, les matières fertilisantes et les graines nécessaires pour accroître les rendements. Les syndicats ont précisément pour objet de soustraire le cultivateur aux fraudeurs et de lui permettre, grâce au bénéfice de l'association, l'acquisition, dans les meilleures conditions de prix et avec garantie de leur valeur, des fumures complémentaires et des semences de choix.

Le syndicat du Loir-et-Cher, dû à l'intelligente et active initiative de M. Tanviray, professeur départemental d'agriculture, comptait, à la fin de 1884, 523 membres. Le syndicat des Ardennes, dont M. Fiévet, professeur départemental d'agriculture, est l'organisateur, a été fondé le 4 février 1884 sur les bases du syndicat du Loir-et-Cher et compte aujourd'hui, après deux années d'existence, près de 1200 membres. Le syndicat du Loir-et-Cher a acheté, en 1884, environ 400 000 kil. de matières fertilisantes. Celui des Ardennes en a fourni à la culture, dans la même année, 700 000 kilogr. Ces deux associations sont très prospères, et leur organisation peut être donnée comme modèle aux agriculteurs désireux d'imiter leurs collègues de ces deux départements.

Qu'est-ce qu'un syndicat d'agriculteurs? C'est une association entre les cultivateurs d'un département en vue de l'achat en commun de toutes les matières premières utiles à l'agriculteur, dans des conditions qui assurent à la fois la parfaite loyauté des marchés, la pureté des produits achetés et la suppression des dommages résultant de la fraude dont les cultivateurs isolés sont si fréquemment victimes de la part de vendeurs peu scrupuleux. L'organisation des syndicats est des plus simples : tout cultivateur peut en faire partie, le nombre de ses membres étant illimité. La cotisation annuelle destinée à couvrir les frais généraux de l'association varie de 1 fr. à 2 fr. par an.

Pour faire partie de l'association, il faut être présenté par deux de ses membres et admis par décision de l'assemblée générale. Le syndicat est administré par un bureau élu en assemblée générale et composé de cinq membres. Son budget se compose du montant des cotisations annuelles, qui servent à couvrir les frais d'analyses des engrais et de contrôle de semence, les dépenses de correspondance, publicité et autres. Le bureau traite les achats d'engrais et de semences avec les négociants; les poursuites à exercer contre les marchands d'engrais qui n'auraient pas loyalement rempli leurs engagements sont faites au nom de l'acheteur intéressé, mais aux frais et diligence du syndicat.

Le syndicat, d'après ses statuts, éclaire les cultivateurs sur le choix des matières fertilisantes à employer, suivant la nature du sol et les exigences des diverses cultures. A cet effet, il est remis aux membres du syndicat qui en font la demande un cadre uniforme que l'intéressé remplit en indiquant la nature du terrain à fumer, les cultures auxquelles il destine les engrais, et la somme maxima qu'il veut consacrer à la fumure. Le bureau, dont les membres sont pris parmi les agriculteurs les plus distingués du département, détermine, d'après ces renseignements, le choix des engrais. Les demandes d'engrais et de semences doivent être faites au plus tard les 1er février et 1er juillet de chaque année. Enfin, le syndicat distribue à ses membres des instructions imprimées sur le mode d'emploi et d'épandage des engrais et sur le prix des échantillons destinés à l'analyse en vue de la vérification de leur teneur en principes fertilisants, teneur garantie par les vendeurs et qui sert de base à la fixation du prix d'achat.

Les relations du syndicat avec les fournisseurs d'engrais ou de semences ne sont pas moins bien définies que celles des agriculteurs avec le bureau du syndicat. Lorsque les demandes des cultivateurs sont parvenues au bureau, leur dépouillement indique les quantités de chacun des engrais nécessaires pour la prochaine campagne. Le bureau fait alors appel à la concurrence des fabricants en leur imposant comme règles absolues de tout arrangement du syndicat avec eux : 1° la garantie sur facture de la teneur en azote, acide phosphorique et potasse, sous diverses formes, des engrais à livrer; 2° l'acceptation d'une réduction sur le prix de vente, à un taux débattu et fixé à l'avance, d'une somme correspondante à la quantité de chacun des principes fertilisants qui, pour une cause quelconque, ferait défaut dans les engrais livrés.

La création d'une station de contrôle et d'essais des graines à l'Institut national agronomique a permis, dès cette année, au syndicat des Ardennes d'exiger des marchands de graines, comme des fabricants d'engrais, une garantie de pureté déterminée.

Conclue de gré à gré, ou par adjudication, la fourniture des engrais est faite, suivant l'importance des quantités demandées, soit directement chez le cultivateur, soit par l'intermédiaire du syndicat. Le cultivateur, désireux de contrôler par une analyse les substances qui lui sont livrées, sur titre garanti, par le fournisseur du syndicat, doit se conformer, pour le prélèvement de l'échantillon et son envoi au laboratoire, aux formalités d'ailleurs très simples qu'indiquent les instructions du syndicat.

En résumé, l'organisation des syndicats permet à un cultivateur de l'un des départements que nous prenons pour exemple de s'assurer, dans des conditions de bon marché irréalisable en dehors de l'association, l'achat d'engrais d'une richesse déterminée rigoureusement; elle lui assure la possibilité d'obtenir, au prix du gros, les quantités très faibles dont il peut avoir besoin; elle le garantit sans frais contre la fraude, puisque le syndicat prend à charge, le cas échéant, le procès à intenter à un fournisseur déloyal; enfin elle lui offre un moyen simple et sûr d'être renseigné sur le choix des meilleurs engrais à donner au sol qu'il cultive et des meilleures semences à employer.

Pour rendre tous les services que l'agriculture est en droit d'en attendre, il faut que les syndicats acceptent la solidarité de leurs membres vis-à-vis des négociants auxquels ils s'adressent en vue des achats d'engrais, de semences ou de machines. A ce prix seulement ils peuvent contracter des marchés avantageux avec des maisons de toute honorabilité. Il n'est pas moins souhaitable qu'ils restreignent leur action aux opérations agricoles proprement dites et qu'ils ne deviennent pas des associations politiques.

Les stations agronomiques prêteront partout leur concours aux syndicats d'agriculteurs, pour l'analyse des engrais à prix réduits sur leurs tarifs ordinaires. Provoquer la création des syndicats et leur accord avec la station agronomique de la région en vue du contrôle des engrais et des semences, encourager par tous les moyens possibles le développement de ces associations libres dans tous les départements serait, à coup sûr, le moyen le plus efficace pour supprimer la fraude. La loi déposée sur le bureau de la Chambre, votée telle qu'elle est présentée ou amendée dans un sens plus ou moins libéral, n'aura jamais, pour la répression de la fraude, la valeur d'une entente amiable de tous les agriculteurs pour l'achat exclusif d'engrais vendus avec garantie de teneur en principes fertilisants.

Que les syndicats s'organisent; que les cultivateurs s'associent pour défendre leurs intérêts contre les fraudeurs; qu'ils se garantissent, moyennant la faible cotisation d'un ou deux francs par an, contre les agissements d'un commerce qu'il est plus facile d'anéantir en lui enlevant ses acheteurs qu'en le traduisant devant les tribunaux, et l'agriculture réalisera en une année, j'en suis convaincu, une économie qui se chiffrera par des sommes bien supérieures à celles que pourra produire un droit de douane de quelques francs sur les céréales.

Quelle est l'unité administrative qu'il faut choisir pour la création du syndicat, département, arrondissement, canton? Cela dépend du but spécial que se proposent les syndiqués.

S'agit-il d'achats au comptant, de matières premières : engrais, semences, outils, etc., la formation d'un syndicat départemental me paraît préférable à celle d'un syndicat d'arrondissement et à plus forte raison d'un syndicat cantonal. En effet, les conditions pécuniaires dans lesquelles ces achats pourront être traités seront d'autant meilleures que les quantités achetées seront plus considérables. Les remises que les vendeurs peuvent consentir dépendent nécessairement de l'importance des commandes qu'on leur fait; d'autre part, les frais de transport s'effectuant par wagons complets sont moins lourds; ici le nombre des associés importe beaucoup, et plus sera grand celui des cultivateurs syndiqués, plus élevée sera la réduction des dépenses d'achat et de transport. Le département pris comme unité, telle me semble donc devoir être la règle pour la constitution de syndicats ayant principalement pour objet de procurer aux intéressés, dans des conditions de sécurité absolue sous le rapport de la qualité des produits livrés, des matières fertilisantes, des semences, etc., ce qui d'ailleurs n'empêche point la division en groupes d'arrondissement ou de canton du syndicat départemental. Les syndicats ne peuvent devenir une institution durable qu'en acceptant le principe de la solidarité et en substituant vis-à-vis des vendeurs le crédit du syndicat lui-même à celui de ses membres isolés. — Les négociants feront des remises d'autant plus élevées sur les marchandises ou instruments vendus par eux, qu'ils seront mieux garantis pour le recouvrement du prix de leurs fournitures. La responsabilité collective du syndicat vis-à-vis des vendeurs me paraît une base essentielle dont il ne faudrait pas se départir.

Au nombre des excellents résultats que l'agriculture française peut attendre de l'organisation des syndicats, j'ai indiqué [1] l'acheminement vers la constitution du crédit agricole, reposant sur la connaissance réciproque de la solvabilité et de l'honorabilité de chacun des cultivateurs syndiqués. Plus le syndicat est limité comme étendue territoriale, sinon comme nombre d'associés, mieux les sociétaires se connaissent et, par conséquent, peuvent apprécier le degré de confiance et l'importance du crédit à accorder à chacun d'eux.

C'est en s'inspirant de ces vues qu'un certain nombre de propriétaires de l'arrondissement de Poligny

1. *La Production agricole*, pages 78 et suivantes.

(Jura), après s'être, dans le courant de 1884, constitués en syndicat agricole, viennent de fonder l'*Association de crédit mutuel de l'arrondissement de Poligny*, Société anonyme à capital variable, dont je vais faire connaître sommairement l'organisation et le but.

L'Association de crédit mutuel de Poligny, constituée pour trente années, se recrute exclusivement parmi les membres du syndicat agricole de cet arrondissement. Elle a pour but, aux termes de ses statuts [1], *de venir en aide spécialement aux cultivateurs honnêtes et laborieux, au moyen de prêts et d'escompte, et de leur faciliter l'épargne.* L'Association s'interdit formellement toute affaire de pure spéculation et toute opération avec d'autres qu'avec ses actionnaires. Ces derniers se divisent en deux catégories : 1° ceux qui s'interdisent la faculté de demander des avances à la Société : ce sont les *actionnaires fondateurs;* 2° ceux qui ne se sont pas interdit la faculté d'emprunter : ce sont les *actionnaires sociétaires.* Le capital, qui peut être porté dans la première année à 200 000 francs, est actuellement de 20 000 francs seulement, soit quarante parts de 500 francs. Le conseil d'administration est investi des pouvoirs les plus larges : il statue sur l'admission des sociétaires, qui tous doivent faire partie du syndicat agricole de l'arrondissement : il fixe le maximum des avances à faire aux emprunteurs et les conditions de leur remboursement; il règle le

1. Statuts de l'Association du crédit mutuel de l'arrondissement de Poligny. — Salins, 1885.

service des dépôts et détermine l'intérêt à payer aux déposants; il dresse tous comptes, contracte tous emprunts, nomme et révoque tous directeurs ou agents, etc. Les fonctions des administrateurs sont gratuites. Sur la proposition du conseil, l'assemblée générale prononce l'exclusion de tout actionnaire qui ne remplit pas fidèlement ses engagements envers la Société ou qui est convaincu d'un acte pouvant faire mettre en doute sa solvabilité ou sa moralité. L'actionnaire qui viendrait à quitter l'arrondissement peut également être exclu, par un vote de l'assemblée générale.

En somme, le principe de l'Association du crédit mutuel nous paraît excellent : des propriétaires s'associent pour constituer un capital auquel peuvent seuls faire appel les cultivateurs et ouvriers ruraux membres du syndicat agricole, à l'exclusion des capitalistes fondateurs. L'honorabilité est la première condition requise de l'emprunteur. Il ne saurait y avoir de bases meilleures pour une association destinée à resserrer les liens, trop relâchés aujourd'hui, qui doivent unir le propriétaire au fermier et à l'ouvrier rural.

Dans une intéressante communication à la Société d'économie sociale [1], l'un des administrateurs du Crédit mutuel de Poligny, M. Louis Milcent, a fait connaître, en d'excellents termes, les motifs qui ont guidé les fondateurs du syndicat de Poligny. La crise qui

1. *La Réforme sociale*, numéro du 15 mars 1885.

sévit en ce moment, dit M. Milcent, et qui tient autant à des causes sociales qu'à des causes économiques, peut avoir des effets très salutaires, non seulement en appelant les propriétaires à vivre à la campagne, mais en leur donnant l'occasion de se former en association avec tous ceux qui concourent à la production agricole, afin de réclamer la protection de leurs intérêts et d'en obtenir la représentation auprès des pouvoirs publics.

Pénétrés de cette pensée, plusieurs propriétaires de l'arrondissement de Poligny se sont constitués en syndicat. Ils ont fait appel à tous les cultivateurs en leur indiquant le but de l'association : 1° elle est libre; 2° elle emploie tous les moyens en son pouvoir pour remettre en honneur le travail de la terre; 3° elle facilite l'acquisition du bétail, de l'outillage, des engrais, etc. Mais une association ayant son siège au chef-lieu d'arrondissement paraît peu pratique aux fondateurs du syndicat de Poligny. Les cultivateurs ne peuvent se déplacer pour venir aux réunions. La nécessité de se subdiviser en groupes de cantons s'est bien vite manifestée, et c'est maintenant au chef-lieu de canton que les associés se rencontrent tous les jours de foire, dans la journée, à l'heure où les transactions sont finies. Là on traite toutes les questions intéressant la culture spéciale du canton : ceux qui ont fait des expériences utiles en font part aux associés.

Les renseignements et les avis sont échangés avec une très grande simplicité, et les principaux propriétaires qui organisent et dirigent ces réunions apprennent à connaître tous les cultivateurs, auxquels ils s'efforcent de rendre les services en leur pouvoir. Des avantages très appréciables ont été ainsi obtenus déjà : quatre avocats du barreau du chef-lieu judiciaire ont assuré gratuitement leurs conseils à tous les membres du syndicat. Plusieurs grands constructeurs d'instruments ont consenti en leur faveur des réductions atteignant parfois 25 p. 100.

Les fondateurs du syndicat viennent de compléter leur œuvre en constituant une Société de crédit mutuel agricole, afin de faire profiter les associés des avantages que procurent ces institutions aux agriculteurs de Westphalie, des Flandres, de la Suisse et de la Haute-Italie. Les dangers inhérents au fonctionnement des sociétés de crédit se trouvent considérablement atténués par la règle consistant à ne faire d'opération qu'avec les associés qui, à la campagne, se connaissent tous et sont exactement renseignés sur la situation de chacun.

Or, comme le Crédit mutuel est, en même temps, une sorte de caisse d'épargne où les agriculteurs versent leurs économies, ils se trouvent ainsi intéressés à ne faire des avances qu'à bon escient, puisque c'est avec leurs propres fonds qu'elles sont faites. Du reste, les crédits sont limités pour chacun des associés à un maximum de 600 francs, prix moyen d'une paire de bœufs. Ils sont faits avec le concours d'une caution qui signe un billet à ordre avec l'emprunteur. Mais il y a un point sur lequel on ne saurait trop insister, c'est que toutes ces institutions ne peuvent vivre que par le dévouement et un concours très actif des propriétaires. Eux seuls ont assez de loisir pour prendre une large part de leur temps pour la consacrer aux intérêts collectifs d'une association. Voilà le côté vraiment social et excellent en soi des syndicats agricoles. Si le propriétaire continue à se désintéresser des questions agricoles, si surtout il persiste dans un fatal absentéisme et entend jouir du sol comme d'une maison dont un intendant ou un principal locataire touche les revenus et surveille les réparations, la crise actuelle, au lieu de disparaître petit à petit, ira grandissant. C'est là question de vie ou de mort pour l'agriculture française. Les propriétaires de l'arrondissement de Poligny donnent un exemple qui devrait être imité partout; c'est ce qui m'a engagé à signaler la forme particulière sous laquelle ils viennent de constituer le crédit agricole, forme qui serait applicable dans tous les pays de fermage, au grand profit des propriétaires et des fermiers.

XX

LA FRAUDE DES ENGRAIS ET LES STATIONS AGRONOMIQUES

Projet de loi sur la répression de la fraude dans le commerce des engrais, présenté par MM. J. Ferry et Méline. — Des précautions à prendre pour éviter la fraude et ses conséquences. — Des marchés d'engrais. — Conditions à leur donner. — Les syndicats agricoles et la fraude des engrais.

La Chambre des députés a pris cette année en considération la proposition de loi de MM. J. Ferry et Méline concernant la répression de la fraude dans le commerce des engrais. Le rapporteur, M. Rondeleux, a déposé son rapport. Il est à souhaiter que le Parlement fasse toute diligence pour mettre un terme, par une loi, au préjudice si considérable que la déloyauté de certains négociants, jointe à l'inexpérience des cultivateurs habilement exploitée par eux, porte à l'agriculture française.

Le cultivateur trompé sur la qualité, la valeur et le prix des matières fertilisantes qu'il demande au commerce éprouve une perte bien supérieure à la dépense qu'a occasionnée pour lui l'achat d'engrais de médiocre qualité. En effet, à cette dépense s'ajoute tout ce qu'un engrais de bonne qualité aurait produit comme accroissement de récolte, et, conséquemment, la perte d'une partie du prix de la semence, de la main-d'œuvre, etc.

En abordant ce côté de la question des engrais, je voudrais prémunir les cultivateurs contre les agissements de certains vendeurs qui, à l'approche des semailles de mars ou d'automne, exercent leur coupable industrie avec un redoublement d'activité. Dans la même semaine j'ai eu à donner un avis à trois victimes de ces industriels venus dans l'est de la France de divers points du territoire. Je considère comme un devoir de signaler le mode très simple à l'aide duquel certains négociants trompent indignement les intermédiaires crédules dont ils se servent pour atteindre le cultivateur. Je rendrai, je crois, d'autant plus service aux commerçants honnêtes et aux agriculteurs qu'en l'absence des mesures que MM. J. Ferry et Méline proposent d'introduire dans la loi, les victimes de ces escroqueries n'ont même pas la ressource de s'adresser aux tribunaux, les vendeurs s'étant mis, comme on le verra plus loin, à l'abri de toute poursuite judiciaire, impossible dans l'état actuel de notre législation sur les engrais.

L'idée du contrôle des engrais par les stations agronomiques et par les laboratoires agricoles a fait assez de progrès aujourd'hui pour que les maisons peu consciencieuses n'osent plus guère s'adresser directement, comme autrefois, aux cultivateurs. Ceux-ci commencent, en effet, en assez grand nombre, par faire analyser les produits qu'on leur offre avant de les acheter. Les représentants des maisons véreuses ont tourné la difficulté de la façon suivante : sous des noms plus ou moins pompeux, ils vont offrir à des boulangers, plâtriers, épiciers, charrons ou petits entrepreneurs une marchandise dont ils vantent, à des gens absolument ignorants de la question, les propriétés merveilleuses.

Ils proposent à leurs interlocuteurs de leur laisser en dépôt une quantité assez considérable de cette marchandise encombrante, généralement un à deux wagons, leur disant qu'ils n'auront rien à payer qu'après la vente de l'engrais. Ils font ressortir les facilités qu'ont ceux auxquels ils s'adressent, de loger sans frais, dans leurs hangars, 50 ou 60 sacs d'engrais, qu'ils ne conserveront pas longtemps d'ailleurs, car leur bon marché attirera promptement la clientèle des cultivateurs, etc. A la suite de ce boniment, le plâtrier ou le charron cède aux instances du commis voyageur; on conclut le marché verbal, le verre en main; on fait un prix de 20 à 30 francs les 100 kil. d'une marchandise qui doit facilement être revendue au détail 25 à 35 francs; on suppute le bénéfice, qui s'élèvera haut, sans un sou d'avance et sans aucun risque à courir pour l'acheteur, qui n'est soi-disant qu'un intermédiaire. On lui fait ressortir que la vente d'un wagon lui rapportera au moins 250 à 300 francs, et voilà l'affaire faite. Au moment de se séparer, le commis voyageur, qui omet toujours de laisser son adresse dans la ville où il opère, présente au naïf acheteur un petit carnet à souche, en le priant de signer en double — simple formalité, s'empresse-t-il d'ajouter — un imprimé de quelques lignes. L'acheteur, grisé par le bénéfice probable de son opération, se voyant l'intermédiaire, le *seul intermédiaire*, a-t-on soin de lui dire, d'une grande maison dans la ville qu'il habite, signe les papiers qu'on lui présente et met l'exemplaire qui lui est destiné dans sa poche : on boit une dernière fois au succès de la vente, puis on se sépare.

Resté seul, l'infortuné négociant lit l'imprimé qu'il a si imprudemment signé et constate que c'est un marché en bonne forme, d'après lequel il a acheté ferme, payables par traites à une échéance fixée dans l'écrit, un ou deux wagons d'un engrais contenant de 2 à 3 pour 100 d'azote et de 20 à 25 pour 100 de phosphate de chaux rendu soluble, au prix de 20 ou 25 francs les 100 kilogr., avec autorisation, de la part du vendeur, de revendre à un prix plus élevé. Les teneurs en azote et en phosphate que je viens d'indiquer sont presque invariablement identiques, que les vendeurs viennent du Nord, de l'Ouest ou du Sud. On dirait une association, à sièges multiples, d'une maison fabriquant un produit unique qu'elle cherche à écouler, en exploitant simultanément les diverses régions de la France.

Ne comprenant rien à ces désignations de richesse en azote ou en phosphate, mais saisissant tout de suite la portée de l'acte qu'on lui a fait signer, sans lui en indiquer la teneur, l'acheteur court à la recherche du commis voyageur pour lui faire observer que le contrat écrit n'est pas du tout en accord avec le contrat verbal, intervenu quelques minutes auparavant. Neuf fois sur dix, impossible de mettre la main sur le vendeur : une seule affaire, qui lui rapporte, je vais le prouver, 400 à 500 francs au minimum, lui a suffi : il a quitté la ville au plus tôt. Si, par hasard, l'acheteur est assez heureux pour rejoindre le voyageur, celui-ci se retranche derrière le contrat signé volontairement; il n'y peut rien changer de sa propre autorité; que l'acheteur s'adresse directement à la maison, on lui répondra. Inutile d'ajouter que la maison de commerce maintient impitoyablement le marché fait par son représentant et d'ailleurs inattaquable en justice, bien qu'il constitue un véritable dol.

Revenu promptement de ses illusions sur la brillante affaire qu'on lui avait proposée, dans son intérêt, bien entendu, il s'adresse au laboratoire de la station, demande qu'on analyse l'engrais et qu'on lui dise quelle en est la valeur vénale.

Depuis bientôt quinze ans que j'ai constaté ces agissements pour la première fois, les choses se sont toujours passées comme je viens de le décrire, et, fait à noter, l'engrais qui a servi de base à la tromperie a toujours été le même (matière contenant 2 à 3 pour 100 d'azote et 20 à 25 pour 100 de phosphate).

L'analyse faite, il en résulte que l'engrais vendu contient par 100 kilogr. 2 pour 100 d'azote provenant du sulfate d'ammoniaque et valant au maximum 1 fr. 80 le kilogr., et 10 kilogr. d'acide phosphorique soluble dans le citrate, d'une valeur de 0 fr. 65 le kilogr. au plus.

La valeur vénale maxima de cet engrais s'établit donc comme suit :

2 kil. azote à 1 fr. 80....................	3 fr. 60
10 kil. acide phosphorique à 0 fr. 65....	6 50
1 sac..................................	0 70
Total....................	10 fr. 80

Les trois victimes qui se sont adressées à moi au printemps dernier ont payé : les deux premières, 20 francs; la troisième, 27 francs les 100 kilogr. d'un engrais identique, présentant la composition indiquée ci-dessus. Chacun des acheteurs ayant signé un marché de 10 000 kilogr., soit : les deux premiers, un engagement de 2000 francs; le troisième, un engagement de 2 700 francs, la marchandise livrée valant en tout 1080 francs le wagon, les commis voyageurs de ces trois maisons ont réalisé en quelques minutes : les deux premiers, un bénéfice net de 920 francs; le dernier, plus habile ou ayant eu affaire à un acheteur plus crédule encore que les deux autres, un bénéfice de 1620 francs. La perte subie par les acheteurs sera sans doute supérieure encore au gain frauduleux des vendeurs, car ils devront supporter les frais de magasinage, d'intérêt d'argent, à supposer qu'ils trouvent à vendre ces engrais à leur valeur réelle. J'avais raison, on le voit, de dire tout à l'heure qu'une seule affaire suffisait au voyageur, qui s'empresse de prendre le chemin de fer pour fuir les récriminations de sa malheureuse dupe.

Ce qu'il y a de plus regrettable en l'espèce, c'est qu'au point de vue légal il est impossible de faire rompre ces marchés par les tribunaux consulaires et qu'il n'est pas davantage possible au chimiste qui a constaté la valeur de l'engrais de déférer ces négociants éhontés au parquet. En effet, ces marchés, bien que la signature de l'acheteur ait été réellement surprise, ne prêtent, dans l'état de notre législation, à aucune poursuite judiciaire ou correctionnelle. Le vendeur a inscrit la teneur en azote et acide phosphorique sur le bulletin de vente; l'analyse indique que les taux garantis se trouvent dans l'engrais, le marché est valable, et celui qui a eu l'imprudence de le conclure est obligé d'en supporter les conséquences, parfois ruineuses pour lui, car il n'a, le plus souvent, pour ressources que son petit commerce d'épicerie ou de charronnage. Une seule affaire comme celle-là dévore parfois le bénéfice du travail d'une année.

En attendant que la Chambre vote une loi qui mette fin à ces agissements malhonnêtes, en entourant la vente des matières fertilisantes de garanties devenues indispensables, il m'a paru utile de dévoiler ces manœuvres. Il ne faut point oublier, d'ailleurs, que les meilleures lois ne sauraient dispenser l'individu de veiller à ses intérêts et de se renseigner avant d'agir. Mon but, en faisant connaître les allures de cette sorte d'association de trompeurs sur la valeur, si ce n'est sur la qualité de la marchandise, est d'appeler sur eux l'attention des négociants étrangers à l'agriculture, ignorant jusqu'au nom des substances dont on vient leur prôner les vertus merveilleuses, afin d'empêcher le nombre des victimes de ces dols d'être aussi nombreux que par le passé. On ne saurait trop insister, auprès des cultivateurs et des personnes qui veulent leur servir d'intermédiaires avec les fabricants, sur les précautions, si faciles d'ailleurs à prendre, qui doivent accompagner tout marché d'engrais.

En les résumant ici, en manière de conclusion, j'affirme aux intéressés que, s'ils veulent suivre la marche que je vais rappeler, ils n'auront absolument rien à craindre, ni pour leur bourse ni pour les récoltes qu'ils attendent de l'emploi des engrais commerciaux. Voici comment il faut procéder pour tout achat d'engrais : 1° demander au vendeur un échantillon type de l'engrais; 2° exiger de lui, par écrit, les indications, engagements et garanties suivants :

a. Indication de la nature et de la quantité de chacune des matières fertilisantes désignées nominalement, savoir : azote organique, azote ammoniacal, azote nitrique; acide phosphorique soluble dans l'eau ou le citrate; acide phosphorique insoluble; potasse à l'état de chlorure ou de sulfate.

b. Engagement de laisser prélever un échantillon à l'arrivée de l'engrais, d'en laisser constater la conformité avec l'échantillon type remis avant la vente.

c. Fixation, par écrit, du prix, par kilogramme, de l'azote, de l'acide phosphorique et de la potasse sous chacune de leurs formes.

d. Nullité du marché, dans le cas où l'une des conditions convenues ne se trouverait pas réalisée.

Les indications ci-dessus étant établies par la garantie du vendeur et par l'analyse de l'engrais à son arrivée chez l'acheteur, celui-ci n'aura aucun aléa à courir. En effet, il pourra, en recevant l'offre du vendeur, calculer la valeur réelle de l'engrais qui lui est offert; il n'aura, pour cela, qu'à affecter au kilogramme de chacune des matières fertilisantes les prix du cours, faciles à connaître, et verra immédiatement si les offres qui lui sont faites sont ou non trop élevées ou, ce qui revient au même, s'il peut se procurer ailleurs, à meilleur marché, les substances fertilisantes contenues dans l'engrais.

Je vais tout de suite au-devant d'une objection qui viendra à l'esprit de beaucoup de mes lecteurs : cette marche à suivre pour l'achat d'engrais commerciaux n'est, me dira-t-on, applicable qu'à des marchés de quelque importance, d'un wagon au moins par exemple. Cela n'est pas douteux : le cultivateur qui a besoin de quelques sacs seulement d'engrais ne saurait procéder suivant mes indications. Lui fût-il possible de le faire, la dépense nécessitée par l'analyse de l'engrais, si faible qu'elle soit, dépasserait parfois le bénéfice qui en pourrait résulter. C'est ici qu'interviennent alors, avec une grande efficacité, les syndicats agricoles, dont il faut souhaiter la prompte extension à tout le pays. Dans les départements, nombreux déjà, où fonctionne convenablement cette utile institution, la question de la vente sur titre, à leur valeur réelle, des matières fertilisantes, est, par là même, résolue. Par l'association, on transforme les achats partiels en achats uniques pour telle ou telle substance, nitrates, sels de potasse, phosphates. La méthode que je recommande instamment de prendre pour guide s'applique tout naturellement.

La restitution au sol des matériaux fertilisants enlevés par les récoltes est aujourd'hui pour notre pays, depuis tant de siècles en culture, la condition *sine qua non* de tout progrès dans l'élévation de nos rendements. Faire disparaître la fraude dans le commerce des engrais, prémunir cultivateurs et acheteurs de toute nature contre les manœuvres déshonnêtes est un devoir pour tous ceux que leur compétence autorise à traiter ces questions.

XXI

LES STATIONS AGRONOMIQUES ET LE CONTRÔLE DES SEMENCES

Les stations d'essais et de contrôle des semences. — Station de l'Institut national agronomique. — Le contrôle des graines au concours régional de Nancy. — Le syndicat des Ardennes et l'achat des semences. — Création d'un Comité consultatif des stations.

Le choix de la semence et celui des matières fertilisantes spécialement adaptées à telle ou telle récolte agricole constituent les facteurs importants, tout à fait prépondérants, dans certains cas, du rendement de la terre. Les nombreux exemples tirés des quarante années d'expériences de Rothamsted et des cultures de l'Ecole Mathieu de Dombasle ont mis ces faits en évidence d'une manière indiscutable pour nos lecteurs.

Le développement considérable de l'emploi des engrais chimiques complémentaires du fumier de ferme a eu pour conséquence nécessaire la création de nombreuses fabriques depuis une trentaine d'années. La fraude s'est emparée promptement de ce commerce, inconnu il y a un quart de siècle, et l'organisation des laboratoires agricoles et des stations agronomiques est venue répondre à l'un des besoins les plus impérieux de l'agriculture : la répression de la fraude en matière d'engrais. Grâce à la progagande active de quelques hommes dévoués à l'agriculture, le contrôle des engrais chimiques s'est développé parallèlement à la fraude; aujourd'hui, *toutes* les maisons de commerce qui se respectent ont accepté, pour leurs ventes, le principe de la garantie, c'est-à-dire l'indication, sur facture, des quantités de chacune des substances fertilisantes contenues réellement dans les produits offerts à l'agriculture. Il résulte de là qu'aujourd'hui tout cultivateur soucieux de ses intérêts est en mesure de se procurer des engrais d'une valeur connue à l'avance et peut se soustraire entièrement, s'il le veut, aux fraudeurs éhontés que les directeurs des stations agronomiques ont le devoir de signaler aux tribunaux et qu'une entente commune des acheteurs peut évincer définitivement. Il suffit, pour cela, que chaque acheteur exige formellement de son vendeur la garantie du titre des engrais qui lui sont offerts et stipule que le marché ne sera valable qu'après contrôle dans une station agronomique de la marchandise livrée.

En ce qui concerne les achats de semence, si importants pour les cultivateurs, nous sommes, en France du moins, beaucoup moins avancés : l'acheteur n'avait, jusqu'ici, d'autre garantie que l'honorabilité personnelle du vendeur, garantie absolument insuffisante, comme nous allons le voir.

Dans l'emploi d'une semence quelconque, il y a deux conditions capitales à envisager : la pureté de la semence, c'est-à-dire le taux pour cent de graine pure de l'espèce que l'on veut semer, qu'il s'agisse d'une graine unique, comme c'est le cas des céréales, ou d'un mélange de diverses espèces, comme pour la création d'une prairie; en second lieu, la faculté germinative, c'est-à-dire le taux pour cent de graine pure apte à germer et, par conséquent, à fournir une récolte.

La première de ces qualités, la pureté, dépend des conditions de récolte de la semence et des moyens mécaniques (nettoyage, triage, etc.) mis en œuvre pour en séparer les graines étrangères. La faculté germinative dépend des conditions de récolte, et, pour une large part, de l'âge des graines, les semences perdant au bout d'un temps variable avec chaque espèce agricole (de un à cinq ans) la faculté de germination et de reproduction.

On voit tout de suite que l'honorabilité personnelle du vendeur ne saurait être une protection suffisante pour l'acheteur et que des essais directs, dont les résultats seront indiqués sur facture avec garantie de leur exactitude, peuvent seuls mettre le cultivateur à l'abri de déboires sur l'étendue desquels il n'est pas inutile d'insister. L'ensemencement d'un hectare de terres représente une mise de fonds qui peut varier de 40 à 180 francs environ, suivant la nature de la semence; mais le préjudice résultant de l'emploi d'une semence de mauvaise qualité est bien supérieur à cette somme, le cultivateur perdant non seulement, dans ce cas, le prix d'achat de la semence, mais tous les frais généraux de culture dans lesquels une bonne récolte peut seule le faire rentrer.

Nous disons que l'honorabilité du grainetier n'est pas une garantie suffisante : en effet, à moins de cas particuliers assez peu nombreux, l'aspect seul de la semence ne peut renseigner le vendeur le plus scrupuleux sur la valeur *absolue* de la semence qu'il offre à la culture : la détermination directe de la faculté germinative et l'examen botanique des graines sont les seuls *criterium* certains de la pureté et de la valeur de la semence.

Ces considérations ont conduit, il y a une quinzaine d'années, à la création en Allemagne de stations agronomiques spéciales pour l'essai des graines. M. le docteur Nobbe, à Tharand (Saxe), a été le promoteur de cette heureuse innovation. Ce savant physiologiste a contribué puissamment, par son enseignement, par ses écrits et par l'organisation du laboratoire de Tharand, à la propagation de cette utile institution. De l'Allemagne, les stations d'essais et de contrôle des graines se sont propagées en Norvège, en Suède, en Belgique, en Suisse, en Autriche, en Russie. Il y a deux ans, la première station française d'essais des graines a été créée à l'Institut national agronomique, sous la direction de M. Schribaux, qu'une étude approfondie de l'organisation des établissements similaires à l'étranger où il a séjourné désignait à l'attention du ministère de l'agriculture pour cette utile mission.

La création de la station de l'Institut agronomique offre dès à présent aux cultivateurs la possibilité de faire leurs achats de semences dans les conditions de sécurité qu'ils rencontrent déjà pour les achats d'engrais. Il dépend d'eux de faire disparaître les pertes d'argent et les mécomptes trop fréquents qui résultent de l'introduction dans leurs terres de semences de pureté et de valeurs inconnues; ils n'ont pour cela qu'à exiger des vendeurs une garantie sur facture d'un taux pour cent de pureté et de faculté germinative des graines qu'on leur livre, comme ils font pour la richesse des engrais qu'ils achètent. A la livraison, ils prélèveront authentiquement un échantillon, l'adresseront à la station de l'Institut agronomique et régleront le marché d'après les résultats de l'analyse de la semence. Quelques chiffres extraits des nombreux essais de graines du commerce vont montrer l'importance du contrôle que nous recommandons.

M. Nobbe signale les taux suivants d'impureté constatés par lui dans les graminées qui servent à la création des prairies :

			Minima.
Agrostis stolonifera.	39 à 76 p. 100	d'impuretés.	9 p. 100
Aira flexuosa.......	34 à 72	—	14 —
Avena flavescens...	56 à 92	—	20 —

Etc... Je pourrais multiplier ces citations, mais celles-là suffisent.

M. Schribaux, de son côté, a prélevé cette année, dans six maisons importantes de Paris, dix mélanges différents de semences pour création de prairies : le prix, par hectare, variait pour l'achat des semences de 40 fr. à 180 fr., le taux des impuretés de 36,7 à 53,32 p. 100. On voit, par là, de quelle importance est le contrôle des graines. Il n'est pas inutile de faire observer que les cultivateurs s'adressant, presque forcément, au commerce pour se procurer les semences de variétés nouvelles, d'un prix toujours fort élevé, auront, pour ces achats, plus d'intérêt encore à exiger la garantie de pureté : il en est de même pour la faculté germinative.

Les prairies artificielles, qui sont appelées à jouer un rôle chaque jour plus important dans nos exploitations rurales, donnent lieu à une remarque plus frappante encore, si c'est possible, en faveur du contrôle des graines : tous les agriculteurs connaissent les ravages exercés dans les luzernières par la *cuscute*, plante parasite dont il est si difficile de débarrasser les champs qui en ont été infestés. Le contrôle des graines peut mettre complètement à l'abri de ce fléau, les stations d'essais repoussant d'une façon absolue toutes graines de luzerne cuscutée, à un degré quelconque.

Ce qui précède suffit, je crois, pour montrer la nécessité de faire entrer dans les habitudes de nos cultivateurs le contrôle des semences, comme ils doivent réclamer le contrôle des engrais partout aujourd'hui. Les syndicats d'agriculteurs ont le devoir de placer au premier rang des services qu'ils aspirent légitimement à rendre, le contrôle des engrais et celui des semences. C'est à eux qu'incombe la tâche de persuader les cultivateurs qu'ils seront protégés contre le dol bien plus efficacement par les mesures qu'ils prendront eux-mêmes que par l'intervention de l'État. La répression de la fraude dépend avant tout de l'initiative des intéressés. Qu'ils s'unissent, les syndicats leur en facilitent les moyens, pour refuser imperturbablement toute offre de matières fertilisantes et de semences non garanties par le contrôle des stations; qu'ils repoussent impitoyablement tous les commis voyageurs en engrais qui s'abattent dans nos campagnes comme des oiseaux de mauvais aloi; qu'ils exigent la garantie écrite et signée sur facture de la teneur en principes fertilisants des engrais, de la pureté et de la valeur germinative des semences, et la victoire leur appartiendra. La garantie et le contrôle des stations auront plus d'action, dès que les acheteurs le voudront, que les lois les plus sévères contre la fraude.

L'importance du service rendu à l'agriculture par l'introduction du principe de la garantie dans la vente des semences agricoles a déterminé le jugement du jury du concours régional agricole de Nancy et celui du jury de la Société nationale d'encouragement à l'agriculture, qui ont décerné, les 11 et 12 juin 1885, le premier une médaille d'or, le second un diplôme d'honneur à un exposant du concours des produits agricoles, M. Clément Denaiffe, marchand grainetier à Carignan (Ardennes). Cette double décision et les faits qui l'ont amenée méritent d'être portés à la connaissance des agriculteurs. L'exemple du syndicat des Ardennes et celui de M. Denaiffe trouveront, nous l'espérons, des imitateurs, pour le plus grand profit de l'agriculture française.

Le syndicat des agriculteurs des Ardennes, en vue de l'achat de semences, d'engrais et de machines, dont nous avons fait connaître précédemment l'organisation, a traité avec M. C. Denaiffe pour l'achat exclusif des semences destinées aux membres du syndicat. Le choix du syndicat a été déterminé par l'accord intervenu préalablement entre M. Denaiffe et la station d'essais des graines dirigée par M. Schribaux, sous le contrôle de laquelle le négociant a placé ses produits. La facture délivrée par le vendeur porte les indications suivantes : quantité vendue — prix du kilogramme — pureté pour cent des semences vendues — faculté germinative des semences pures — garantie spéciale de l'absence des semences dangereuses (cuscute, pimprenelle, etc.). Voici, d'ailleurs, comment s'exprime M. Denaiffe, en tête de ses prospectus : « Mes trèfles, luzernes, minettes, sainfoins, fléoles, marqués n° 1 épurés, sont analysés au laboratoire de contrôle des semences, à l'Institut national agronomique à Paris, avec lequel j'ai signé un contrat. Sur votre demande, je vous garantirai sur facture : le degré de pureté et l'énergie de germination pour 100 : l'absence absolue de cuscute, de pimprenelle dans le sainfoin. Vous pourrez prélever un échantillon à l'arrivée de la marchandise et l'envoyer pour l'analyse à l'Institut agronomique, qui vérifiera si elle correspond bien aux garanties de la facture que vous aurez reçue.

« Pour les commandes à partir de 50 kilogrammes par espèce (de 4 hectolitres pour le sainfoin), je vous enverrai un certificat qui vous donnera droit, à l'Institut agronomique, à une analyse gratuite de la marchandise achetée par vous. Je vous enverrai, si vous le désirez, des certificats pour des quantités moindres; mais vous aurez à votre charge les frais d'analyse comptés au tarif approuvé par le ministre de l'agriculture. » Ainsi la question est résolue pour les semences comme pour les engrais. Au cultivateur soucieux de ses intérêts d'en faire son profit.

Le concours régional tenu à Nancy, en 1885, exceptionnellement remarquable par le nombre et l'importance des machines, des produits et du bétail, aura eu pour résultat de mettre en relief la coopération si utile de la station d'essais de l'Institut agronomique, du syndicat des Ardennes et de M. Denaiffe pour l'introduction, dans la pratique, du contrôle des semences en France. Même en écartant toute pensée de fraude de la part des vendeurs de graines, on ne saurait trop insister sur le progrès énorme qui résulte de la substitution dans les transactions d'une vérification impartiale et compétente de la nature des produits à la seule honorabilité du nom du vendeur.

C'est ce progrès que les jurys du concours et de la Société nationale d'encouragement à l'agriculture ont tenu à affirmer aux yeux du public en décernant leurs plus hautes récompenses à la première maison de graines qui s'est placée sous le contrôle de la station d'essais de l'Institut agronomique. La publicité donnée à cette importante innovation dans le commerce des graines portera des fruits nombreux, si les cultivateurs en réclament l'application dans leurs transactions.

L'exemple de l'importance capitale du contrôle des graines va être mis en évidence par l'exemple suivant :

Dans sa séance du 18 novembre 1885, la Société nationale d'agriculture, adoptant les conclusions du rapport de M. Besnard, a décidé de transmettre au ministre de l'agriculture un vœu favorable à l'adoption, pour la France, de mesures législatives concernant la destruction obligatoire de la cuscute. L'initiative de cette proposition est due à M. Scribaux, directeur de la station d'essais des semences à l'Institut agronomique.

Tous les cultivateurs connaissent les ravages causés dans les prairies artificielles par ce parasite de la luzerne et du trèfle. Un seul champ infesté par la cuscute suffit pour empoisonner toute une région, si l'on n'a pas le soin de couper le parasite avant l'époque de sa floraison. Les graines de cuscute ont une durée de faculté germinative de plusieurs années ; elles résistent, en outre, aux sucs digestifs et passent fréquemment, sans altération, dans les excréments des animaux nourris de foin, de luzerne et de trèfle, d'où elles font retour aux champs par le fumier. Enfin, certaines espèces de nos prairies peuvent, comme les légumineuses que nous venons de nommer, leur servir de support et aider à leur propagation : le serpolet, plusieurs graminées, l'ajonc, les bruyères, sont dans ce cas.

M. Scribaux, dans sa proposition, s'est inspiré des règlements de police en usage en Allemagne, dans le duché de Bade, la Saxe, le Brunswick, règlements qui ordonnent, sous peine d'une amende de 5 à 30 marks ou d'un emprisonnement correspondant, en cas d'insolvabilité du délinquant, la destruction avant la floraison, par arrachage de la plante entière et par incinération, de la cuscute du trèfle et du lin, partout où le détenteur du sol la rencontre sur sa propriété.

En attendant la réalisation, par une loi, du vœu formulé par M. Scribaux, et adopté par la Société nationale d'agriculture, nous voudrions voir, dès aujourd'hui, les agriculteurs prendre une mesure qui aurait pour effet absolument certain de s'opposer à la propagation de la cuscute par les semences de luzerne ou de trèfle, dont l'impureté, à ce point de vue, est la cause prédominante de la multiplicatiou de ce parasite. Ce serait en effet un mince progrès d'obliger les cultivateurs à détruire la plante parasite, s'ils continuent à la semer dans les prairies artificielles qu'ils créent chaque année.

La cuscute est tellement répandue aujourd'hui dans les régions où l'on récolte la semence de trèfle et de luzerne, sa graine est si fine, que le cultivateur est exposé, s'il s'en rapporte à l'examen sommaire des semences que le commerce lui offre, à introduire le dangereux parasite, neuf fois sur dix, dans ses champs. M. Scribaux a constaté sur des semences d'élite, livrées par des maisons importantes, que onze échantillons de luzerne sur dix-neuf, soit 58 p. 100, contenaient de 1 000 à 1 600 graines de cuscute par kilogramme; trois lots de trèfle, sur dix examinés par lui, en renfermaient de 600 à 1 700 par kilogramme. Or une seule graine germant suffit pour introduire la cuscute dans un champ. Il ne s'agit pas ici de rejeter une semence plus ou moins cuscutée, il faut repousser d'une façon absolue toute semence contenant une seule graine de cuscute.

Aujourd'hui, grâce à l'organisation des stations agronomiques, et, en particulier, de la station d'essais pour les semences que dirige M. Scribaux, chaque cultivateur peut être, s'il le veut, mis à l'abri de toute importation de cuscute dans ses terres. Il suffit, pour cela, qu'il exige de son vendeur la garantie sur facture de la *pureté absolue* de la graine de trèfle ou de luzerne, en ce qui concerne la cuscute. Quand les agriculteurs auront pris résolument cette détermination, les grainetiers s'empresseront, s'ils veulent conserver leur clientèle, de suivre l'exemple donné par leur confrère M. C. Denaiffe, qui a placé, comme nous le disons plus haut, tous ses produits sous le contrôle de la station dirigée par M. Scribaux et qui ne vend pas à la culture un kilogramme de semences de luzerne et de trèfle qui ne soit garanti, sur facture d'après l'analyse de la station de l'Institut agronomique, absolument exempt de cuscute. Ayant eu l'occasion, lors du concours régional de 1885, de constater la pureté des produits livrés par cette maison, j'ai tenu à visiter ses installations pour le nettoyage des graines, afin d'en pouvoir parler avec connaissance de cause. Je me suis rendu à Carignan, où MM. Denaiffe et fils ont, avec une obligeance dont je les remercie, fait fonctionner devant moi l'ensemble de leurs appareils de nettoyage et d'épuration des graines. J'ai notamment suivi en son entier la préparation d'un lot de graine de luzerne du Poitou. Cette graine, de très bel aspect, avait été achetée au commerce de gros, après un léger vannage, à sa sortie des mains du producteur.

Chez MM. Denaiffe, cette graine a subi, sous mes yeux, dans l'espace de deux jours, six épurations successives par son passage dans autant d'appareils différents. 100 kilogr. de la graine primitive ont laissé, à l'épuration, 18 kilogr. de déchets différents, que j'énumérerai sommairement pour donner une idée du travail effectué en ma présence.

La semence passe d'abord dans l'*épierreur*, qui en sépare les pierres, les mottes de terre, les graines dures qui ne germeraient pas, les grains et graines étrangers de volume supérieur à celui de la luzerne (sénés, oseille sauvage, vesces, etc.). L'épierreur est un crible en tôle perforée à trous allongés ou ronds de grande dimension. De cet appareil, la graine se rend dans l'*aspirateur*, qui en sépare la poussière, les enveloppes des graines, débris de cosses, fenasse, débris légers, graines trop légères, plates, brisées ou insuffisamment développées pour germer, enfin la cuscute légère. Une seconde aspiration achève de débarrasser la luzerne des graines étrangères de faible poids et du restant des graines vides ou plates, des insectes, etc. Après l'aspiration vient un premier criblage séparant la cuscute de petit volume, le sable, la terre et les graines de très petit volume (trèfle blanc, hybride, petit plantain, etc.). Un deuxième criblage enlève encore du sable et de la terre, la cuscute et du plantain de volume moyen, de la luzerne très peu développée et qui donnerait un faible rendement. Enfin, une dernière opération débarrasse la semence de la cuscute et du plantain de gros volume, de la terre, du sable et des grains de luzerne trop petits que n'ont pas écartés les précédents traitements.

Finalement, on obtient une graine *absolument exempte* de cuscute, d'une pureté et d'une faculté germinative très élevées. Ces trois conditions capitales sont déterminées et mesurées par la station d'essais de l'Institut national agronomique dont le bulletin d'analyse est joint par MM. Denaiffe à l'envoi des produits qu'ils livrent à la culture. MM. Denaiffe appliquent exactement le même traitement à la semence de trèfle. Quelque compliquée que puisse sembler cette épuration complète, elle n'entraîne pas d'augmentation sensible dans le prix des graines pures qui sortent de Carignan, comparativement à celui des graines non épurées du commerce. Dans tous les cas, les avantages résultant du nettoyage des graines, de l'absence totale de cuscute, de la garantie d'un degré élevé de pureté et d'une faculté germinative très supérieure à ceux de la plupart des semences du commerce, compenseraient bien largement la légère augmentation du prix que l'acheteur pourrait avoir à supporter de ce chef. Qu'on oblige le cultivateur à détruire les parasites qui peuvent atteindre les récoltes des voisins, rien de mieux; mais que les agriculteurs, dans leur propre intérêt, se garantissent par les moyens si simples que leur offrent les stations agronomiques contre la fraude des engrais, l'impureté des semences et autres matières premières qu'ils emploient, c'est ce qu'on ne saurait trop leur recommander. Mes lecteurs me pardonneront, à ce sujet, en raison de l'importance de la question, de revenir encore un instant sur les services que le contrôle des stations agronomiques rendra à l'agriculture quand les intéressés voudront le réclamer.

L'exemple de l'industrie est là pour montrer combien cette réforme dans les mœurs du cultivateur serait facile et profitable à ses intérêts.

Depuis bien longtemps déjà, l'industrie, dont les efforts constants portent sur l'abaissement du prix de revient de ses produits, a introduit, partout où la nature des matières premières le comporte, l'achat de ces dernières sur titre contrôlé à l'arrivée à l'usine; c'est ainsi que les minerais métalliques, les cokes, les houilles, le carbonate de soude, les acides sulfurique et chlorhydrique, pour ne parler que des matières les plus importantes, sont achetés et vendus, suivant leur nature, d'après leur capacité calorifique ou leur richesse en métal, carbone, soude, acide réel, etc. De plus, la provenance ou origine de certains produits ayant une importance notable, en raison des indications que l'acheteur en peut déduire *a priori*, sur la valeur industrielle de telle ou telle substance, la provenance, dis-je, est certifiée, par le vendeur. De ce mode de convention entre producteur et consommateur, passé dans les mœurs de la grande industrie, résultent deux avantages importants : premièrement, équité dans les marchés, l'acheteur et le vendeur basant leur opération sur la valeur réelle du produit qui fait l'objet de la transaction; secondement, connaissance exacte de la matière première mise en traitement dans l'usine qui la reçoit. Il ne viendrait à l'idée d'aucun verrier, par exemple, d'acheter du carbonate de soude ou de potasse, sans la garantie du titre exact en alcali produit qui lui est offert.

Ce qui a si bien réussi à l'industriel, l'agriculteur doit le pratiquer pour tous ses achats d'engrais, de semences, de fourrages concentrés, etc., chaque fois, en un mot, qu'il s'agit d'une substance dont l'examen ou l'analyse peuvent indiquer la valeur. L'œil le plus exercé ne saurait remplacer la vérification directe de la pureté d'un engrais, d'une semence ou d'un aliment, à l'aide des procédés que la science met à notre disposition. Le préjudice causé à ce cultivateur par l'impureté des produits qu'il achète, par leur trop faible teneur en l'un ou plusieurs des principes utiles qui doivent s'y trouver ne se limite pas, à beaucoup près, à la dépense occasionnée par l'achat. S'agit-il d'un engrais, à la perte résultant du prix trop élevé auquel il est payé, s'ajoute, si l'engrais n'est pas efficace, la perte du prix de la semence, des labours, de la récolte et du loyer du sol. Non seulement le cultivateur ne rentre pas dans ses débours pour l'engrais, mais il perd tout ce qu'il aurait gagné si la matière fertilisante eût produit l'effet sur lequel il était en droit de compter. Dans le cas de l'achat de semences, la perte n'est pas moins notable lorsque la semence est impure, trop vieille ou mal récoltée. Les frais généraux et la dépense pour engrais et pour semence restant les mêmes et la récolte ne répondant pas à cette avance de fonds, il en résulte une perte sèche quelquefois énorme que le cultivateur peut éviter à coup sûr, en exigeant de ses vendeurs la garantie de titre et de pureté que rend si facile le fonctionnement des stations agronomiques.

Ce qui précède s'applique également aux aliments concentrés du bétail. En général, le petit cultivateur a une tendance à aller au bon marché, sans s'inquiéter de savoir si l'engrais, la semence ou l'aliment qu'on lui offre à un bas prix apparent ne sont pas encore payés par lui beaucoup plus cher que les produits similaires purs et vendus avec garantie.

Avant l'établissement en France des laboratoires d'essais d'engrais et des stations agronomiques, la vente sur titre d'une manière fertilisante était à peu près inconnue. En appelant l'attention des agriculteurs et celle de l'administration sur les fraudes éhontées dont le commerce des engrais était l'objet, M. Bobierre, fondateur du laboratoire d'essais de Nantes, a rendu les plus grands services (1850). Les stations agronomiques, en se multipliant, ont facilité la vente sur titre, et l'on peut dire qu'aujourd'hui il n'est plus de fabricant d'engrais jouissant de quelque notoriété qui n'accepte leur contrôle. Le cultivateur peut donc se garantir de la fraude très aisément, en exigeant du vendeur le bulletin d'analyse de l'engrais qu'on lui offre, signé du directeur de l'une de nos stations agronomiques.

L'initiative qu'a prise M. Denaiffe, en ce qui concerne le contrôle des graines, ne saurait manquer de porter ses fruits. L'intérêt des vendeurs, inséparable de celui des acheteurs, dès que ceux-ci le voudront, amènera les grainetiers à suivre l'exemple donné par la maison de Carignan.

Pour les aliments concentrés du bétail, tourteaux de graines oléagineuses ou farineuses, drèches, etc., nous sommes moins avancés aussi que pour les engrais. Une des plus grandes maisons de tourteaux alimentaires de Marseille, dont la production annuelle oscille entre 280 000 et 300 000 quintaux métriques, s'est placée sous le contrôle, depuis bientôt dix ans, au grand bénéfice des consommateurs. La pureté, la valeur nutritive, la bonne fabrication se trouvent ainsi garanties aux acheteurs, certains de recevoir ce qu'ils payent.

A l'étranger, en Allemagne, en Belgique, c'est par nombre et non par unité qu'on compte les grainetiers et les producteurs d'aliments concentrés placés sous le contrôle des stations. Il dépend des consommateurs de provoquer chez nous ce moyen à la fois si simple, si sûr et si peu onéreux d'assurer la sincérité et l'honorabilité des transactions.

Comité consultatif des stations agronomiques et des laboratoires agricoles. — Sous ce titre, M. le ministre de l'agriculture a institué, par arrêté en date du 11 août 1885, près le ministère de l'agriculture, une commission consultative permanente chargée de l'étude de toutes les questions relatives aux stations agronomiques et aux laboratoires agricoles. Cette création donne satisfaction au vœu unanime des directeurs de ces établissements de recherches. Le développement des stations agronomiques, la coordination de leurs travaux, l'entente entre le ministère et leurs directeurs pour la mise à l'étude des questions d'intérêt général, sont l'un des plus grands services que le ministère de l'agriculture puisse rendre.

Depuis 1868, époque de la fondation à Nancy de la station agronomique de l'Est, cette institution s'est étendue à une vingtaine de départements. Lors du congrès tenu à Versailles en 1881, les directeurs des stations et des laboratoires avaient émis deux vœux : le premier, qui avait trait à la création d'un organe spécial des stations agronomiques, a déjà reçu satisfaction; la réalisation du second, relatif à la création d'un comité établissant des liens plus directs entre les directeurs des stations et l'administration centrale de l'agriculture, s'est fait attendre jusqu'aujourd'hui. M. le ministre, en répondant au désir exprimé lors du congrès de Versailles par les directeurs des stations, peut être assuré de leur gratitude. Cette excellente mesure portera promptement ses fruits : il suffit, pour s'en convaincre, de prendre connaissance du programme des travaux de cette commission et du nom des agronomes que le ministre de l'agriculture a appelés à le composer. Ce comité est chargé d'étudier les questions concernant l'organisation et le fonctionnement des stations et des laboratoires agricoles, la création de nouvelles stations, les méthodes d'analyses à généraliser dans les stations et laboratoires, les travaux et recherches à y entreprendre, les subventions à leur accorder. Il reçoit en communication les rapports des directeurs; il présente chaque année un compte rendu général des travaux effectués et donne son avis sur les réformes et les améliorations à introduire dans ces établissements.

Le comité est composé de dix membres, dont l'un est nommé par les directeurs des stations agronomiques et des laboratoires agricoles; le deuxième, par la chambre syndicale des engrais chimiques; les huit autres, par le ministre. Le comité est présidé par le directeur de l'agriculture au ministère. Les membres nommés ou élus sont renouvelables, par tiers, chaque année. Les membres nommés par l'arrêté ministériel du 11 août 1885 sont : MM. Cornu, professeur au Muséum; A. Girard, professeur à l'Institut agronomique; Liébaut, ingénieur-constructeur; Müntz, chef des travaux chimiques à l'Institut agronomique; Prilleux, inspecteur général de l'enseignement agricole; Risler, directeur de l'Institut agronomique; Schlœsing, membre de l'Institut et professeur à l'Institut agronomique, et Tisserand, directeur de l'agriculture, président.

Les directeurs des stations agronomiques et des laboratoires agricoles ont élu en janvier 1886, pour les représenter au comité, le directeur de la station agronomique de l'Est, et la chambre syndicale des engrais chimiques a désigné M. Joulie.

Ce comité consultatif est destiné, nous en avons la conviction, à exercer une influence des plus favorables à l'agriculture : en provoquant par l'entente des directeurs de stations, trop isolés jusqu'ici, la création de champs d'expériences, l'institution de recherches et d'essais pratiques en vue de l'accroissement des rendements du sol, de la propagation des bonnes méthodes culturales, de l'outillage agricole perfectionné, des semences de choix; en concourant à la répression de la fraude en matière d'engrais, de semences et de denrées alimentaires pour le bétail, etc. Le champ des améliorations agricoles est vaste; le rôle des stations agronomiques, chaque jour plus apprécié des cultivateurs, qui commencent à les connaître, s'accentuera, très heureusement pour les progrès de l'agriculture, sous l'influence directrice du comité institué par le ministre de l'agriculture.

FIN

TABLE DES MATIÈRES

IV

L'ACIDE PHOSPHORIQUE ET LA FUMURE DU SOL

V

ROLE DE L'ACIDE PHOSPHORIQUE ET DE LA POTASSE DANS LA NUTRITION DE LA PLANTE

VI

LES ENGRAIS COMMERCIAUX

VII

LES SCORIES PHOSPHATÉES THOMAS-GILCHRIST ; LEUR COMPOSITION

XVIII

CRÉATION ET ORGANISATION
DES CHAMPS DE DÉMONSTRATION ET D'EXPÉRIENCES

XIX

LES SYNDICATS AGRICOLES

XX

LA FRAUDE DES ENGRAIS ET LES STATIONS AGRONOMIQUES

XXI

LES STATIONS AGRONOMIQUES ET LE CONTRÔLE DES SEMENCES

COULOMMIERS. — Typog. P. BRODARD et GALLOIS.

DU MÊME AUTEUR

Traité d'analyse des matières agricoles. 2e édition, revue et considérablement augmentée. — Un volume in-12 de 600 pages, avec nombreuses figures dans le texte et 51 tableaux pour le calcul des analyses, relié en percaline. . . . . 12 fr.

Annales de la Station agronomique de l'Est. Chimie et physiologie appliquées à la sylviculture. (Travaux de 1868 à 1878). Volume grand in-8 de 415 pages. . . . . 9 fr.

Chimie et Physiologie appliquées à l'agriculture et à la sylviculture. Cours d'agriculture de l'École forestière de Nancy. Un volume grand in-8 de 624 pages et 40 figures, relié en percaline . . . . 12 fr.

Comptes rendus des travaux du congrès international des directeurs des stations agronomiques, publiés au nom du bureau. Volume grand in-8 de 495 pages. . . . . 7 fr. 50

La Production agricole en France, son présent et son avenir. Suivie de : *Données statistiques sur la question du blé,* par M. E. Cheysson, ingénieur en chef des ponts et chaussées, professeur d'économie politique à l'École des sciences politiques, ancien président de la Société de statistique. — *Étude géologique sur les terres à blé en France et en Angleterre,* par M. A. Ronna, ingénieur, membre du Conseil supérieur de l'agriculture. — Un volume in-8, de 128 pages, avec deux cartes et deux diagrammes hors texte. . . . . 3 fr.

Études expérimentales sur l'Alimentation du cheval de trait, par L. Grandeau, directeur de la Station agronomique de l'Est, professeur à l'École nationale forestière, doyen de la Faculté des sciences de Nancy, et A. Leclerc, directeur du laboratoire de la Compagnie générale des voitures de Paris. Un volume in-4° de 370 pages, avec figures et 18 planches in-folio, broché. 25 fr.

Annales de la science agronomique française et étrangère. Organe des stations agronomiques et des laboratoires agricoles, publiées sous les auspices du Ministère de l'Agriculture.

Les Annales forment, par année, deux volumes de 500 pages chacun environ avec gravures, planches et tableaux.

Prix de l'abonnement pour les deux volumes de l'année. Paris, 24 fr. Départements et Union postale : 26 fr. Pays en dehors de l'Union : 24 fr., port en sus.

BIBLIOTHÈQUE VARIÉE A 3 FR. 50 LE VOLUME

FORMAT IN-16

Études littéraires.

Albert (Paul) : *La poésie*, études sur les chefs-d'œuvre des poètes de tous les temps et de tous les pays. 1 vol.
— *La prose*, études sur les chefs-d'œuvre des prosateurs de tous les temps et de tous les pays. 1 vol.
— *La littérature française des origines à la fin du XVIe siècle*. 1 vol.
— *La littérature française au XVIIe siècle*.
— *La littérature française au XVIIIe siècle*. 1 vol.
— *La littérature française au XIXe siècle*. 2 vol.
— *Variétés morales et littéraires*. 1 vol.
— *Poètes et poésies*. 1 vol.

Berger (Adolphe) : *Histoire de l'éloquence latine*, depuis l'origine de Rome jusqu'à Cicéron, publiée par M. V. Cucheval. 2 vol.
Ouvrage couronné par l'Académie française.

Bersot : *Un moraliste; études et pensées*.

Bossert : *La littérature allemande au moyen âge*. 1 vol.
— *Gœthe, ses précurseurs et ses contemporains*. 1 vol.
— *Gœthe et Schiller*. 1 vol.
Ouvrage couronné par l'Académie française.

Brunetière : *Études critiques sur l'histoire de la littérature française*. 2 vol.

Caro : *La fin du XVIIIe siècle; études et portraits*. 2 vol.

Deltour : *Les ennemis de Racine au XVIIe siècle*. 1 vol.
Ouvrage couronné par l'Académie française.

Deschanel : *Études sur Aristophane*. 1 vol.

Despois (E.) : *Le théâtre français sous Louis XIV*. 1 vol.

Gebhart (E.) : *De l'Italie*, essais de critique et d'histoire. 1 vol.
— *Rabelais, la Renaissance et la Réforme*.
Ouvrage couronné par l'Académie française.
— *Les origines de la Renaissance en Italie*.
Ouvrage couronné par l'Académie française.

Girard (J.), de l'Institut : *Études sur l'éloquence attique* (Lysias, — Hypéride, — Démosthène). 1 vol.
— *Le sentiment religieux en Grèce*. 1 vol.
Ouvrage couronné par l'Académie française.

Janin (Jules) : *Variétés littéraires*. 1 vol.

Laveleye (E. de) : *Études et essais*. 1 vol.

Lenient : *La satire en France au moyen âge*. 1 vol.
— *La satire en France, ou la littérature militante au XVIe siècle*. 2 vol.

Lichtenberger : *Études sur les poésies lyriques de Gœthe*. 1 vol.
Ouvrage couronné par l'Académie française.

Martha (C.), de l'Institut : *Les moralistes sous l'empire romain*. 1 vol.
Ouvrage couronné par l'Académie française.
— *Le poème de Lucrèce*. 1 vol.
— *Études morales sur l'antiquité*. 1 vol.

Mayrargues (A.) : *Rabelais*. 1 vol.

Mézières (A.), de l'Académie française : *Shakespeare, ses œuvres et ses critiques*.
— *Prédécesseurs et contemporains de Shakespeare*. 1 vol.
— *Contemporains et successeurs de Shakespeare*. 1 vol.
Ouvrage couronné par l'Académie française.
— *En France*. 1 vol.
— *Hors de France*. 1 vol.

Montégut (E.) : *Poètes et artistes de l'Italie*. 1 vol.
— *Types littéraires et fantaisies esthétiques*. 1 vol.
— *Essais sur la littérature anglaise*. 1 vol.

Nisard (Désiré), de l'Académie française : *Études de mœurs et de critique sur les poètes latins de la décadence*. 2 vol.

Patin : *Études sur les tragiques grecs*. 4 vol.
— *Études sur la poésie latine*. 2 vol.
— *Discours et mélanges littéraires*. 1 vol.

Pey : *L'Allemagne d'aujourd'hui*. 1 vol.

Prévost-Paradol : *Études sur les moralistes français*. 1 vol.

Sainte-Beuve : *Port-Royal*. 7 vol.

Taine (H.), de l'Académie française : *Essai sur Tite-Live*. 1 vol.
Ouvrage couronné par l'Académie française.
— *Essais de critique et d'histoire*. 2 vol.
— *Histoire de la littérature anglaise*. 5 vol.
— *La Fontaine et ses fables*. 1 vol.

Tréverret (de) : *L'Italie au XVIe siècle*. 2 vol.

Wallon : *Éloges académiques*. 2 vol.

Chefs-d'œuvre des littératures étrangères.

Byron (lord) : *Œuvres com*[...] de l'anglais par M. Ben[...] 4 vol.

Cervantès : *Don Quichott*[...] pagnol par M. L. Viard[...]

Dante : *La divine com*[...] l'italien par P. A. Fior[...]

[...] *Poëmes gaéliques*, recueillis par [...] de l'anglais par [...]

[...]*es*, traduites [...]gut. 10 vol.

[...] française, [...]int.

Co[...]

www.ingramcontent.com/pod-product-compliance
Ingram Content Group UK Ltd.
Pitfield, Milton Keynes, MK11 3LW, UK
UKHW020200250726
13967UKWH00003B/1171